書　　　　名｜獵夢香港：交通運輸的傳承

作　　　　者｜熊永達博士

設　　　　計｜黃志輝

出　　　　版｜超媒體出版有限公司

地　　　　址｜荃灣柴灣角街 34-36 號萬達來工業中心 21 樓 2 室

出版計劃查詢｜(852)3596 4296

電　　　　郵｜info@easy-publish.org

網　　　　址｜http://www.easy-publish.org

香 港 總 經 銷｜聯合新零售 (香港) 有限公司

出 版 日 期｜2022 年 10 月初版

圖 書 分 類｜流行讀物

國 際 書 號｜978-1-7391477-1-6

定　　　　價｜HK$100 (US$12)

獵夢香港：交通運輸的傳承

熊永達博士

簡介：

本書聚焦香港交通政策縱橫談。

談的是政策理念、制定、營運和落實，政策思維的轉變。目的是抽取值得傳承的經驗，讓現在和未來有心尋求進一步提升政策的人借鏡。

值得傳承的經驗可以是一種思維、一個程序、一種建制、一種組織方法、一個法律框架、一種文化……

討論的政策涉及市民日常見到、接觸到和感受到的交通服務和設施。每人都對這些服務有種期望，形成使用習慣，只知道路牌是這樣的，街上圍欄是那樣的，城市鐵路擴建到這裡而不去那裡，巴士要減線，但卻不知其所以然。本書讓讀者解開疑難，亦會交待行人路和馬路上各種設施有趣的事，為讀者在走路時增加趣味。

本書一大特色是包含一些相片，把橫跨幾個世紀的交通運輸設施呈現讀者眼前，許多景物都是集體回憶，讓讀者回顧交通系統的進化，回味自己經過的歷程。

作者簡介：

熊永達博士曾任教於香港理工大學土木及環境工程系，主要教授交通運輸基建的發展和對環境影響的課程，主要研究包括交通規劃、汽車尾氣控制、交通噪音和安全、以及大型基建發展等。他活躍於許多專業團體，包括香港運輸研究會和香港運輸及物流學會。退休後致力傳承的著作，曾著有《獵夢香港：的士業的傳承》。

序：

香港從六十年代經歷開埠以來最強勁的經濟發展，同時亦開展正規城市規劃及交通基建規劃，展開了以交通基建帶動經濟發展的年代。市民感受到由一條九廣鐵路運豬牛雞羊到港鐵每天運載接近千萬人返工返學，從屯門、上水、將軍澳或東涌等荒蕪之地花半天來往市區到不消一小時出入，從客機只可飛往幾個外國商埠到今天可往上百個繁華地點，在在反映交通提升不單帶動經濟，同時也把人的交往扣緊，香港人不單住在那區都可快捷往來市區，也可隨時與全世界主要城市的親朋好友來往，從汗流浹背的坐巴士、電車或小輪到舒舒服服和安安全全的享受旅程，超過半個世紀的成就是香港人珍惜的，也是來之不易，凝聚了幾代香港人的智慧和努力，肯定值得一記。

傳媒經常問我許多運輸問題，絕大部份都可從香港人凝聚的智慧解答，而現時從政者和當政者只要汲收這些經驗和智慧，交通以至政務難題都可迎刃而解。

我任教接近三十年，接觸過不少政府、商界、壓力團體等關聯人和事，或多或少理解他們的思維和事件的錯綜關係。我感到這些人和事在無聲無息地消失，是香港的損失，也可能是有心汲取香港經驗的城市的損失。在能力可及的時候，我只想儘一分力，找到一些以往政府及商界好友，請他們口述，我筆錄，算是嘗了心願。

我十分感謝和我對談的黃志光（第一章1.1節）、曾景文（第二章2.1節）、麥齊光（第四章4.1節）和沈乙紅（第五章5.1節）四位先生，他們都在自己專業領域由最底層做起，積蓄幾十年的經驗和智慧，退休前都獨當一面。他們的經驗之談釋除了我許多疑團，相信能啟發讀者進一步提升香港交通服務的思考。

我特別感謝小女熊小嵐設計書的封面、封底及書脊，用簡潔的圖像，顯示百多年的天星小輪和電車至近年的青馬大橋和高鐵，清晰傳遞運輸傳承的訊息。

香港擁有迷人的維多利亞港和高效的交通服務，香港人引以自豪。

一、城市交通

1.1 運輸署前署長黃志光談交通

訪問黃志光先生(下面從簡不加先生,並無不敬)是一大樂事,他談笑風生,講人話,講草根階層的語言,完全反映他『食得開』的風格。他暢談運輸署長任內心得,當然亦談及為官之道。聽來有一種強烈感覺,九七前後政治體制的改變,官員的處事方法發生了根本變化。正如黃志光說:「我是前朝老餅,行的是港英年代的一套,着重傳統、規章、制度、程序與溝通。」

黃志光1979年進入政府當政務主任(俗稱AO),早期平步青雲,退休前約十年,官運不再亨通,停在署長位置,2015年退休。他曾任保險業監理署長及專員(1996-2001)、資訊科技署署長(2001-2004)、資訊科技總監(2004-2005)、運輸署署長(2005-2009),和最後漁護署署長(2009-2015)。他說話快人快語,腦轉動極快,好像不假思索,笑言為人耿直,得失人多。回顧由入職AO在政府工作及受訓,黃志光津津樂道。AO是精英,不單學歷高,不少都能言善辯。他本人是中文大學及香港大學畢業生,又擁有倫敦大學法律學位。「我考慮過做學術研究,但覺得不夠挑戰,所以選擇了做AO。」

黃志光是在2005年5月發生了東九龍大塞車之後接管運輸署的，當時在太子道、亞皆老街和窩打老道有大樹和建築棚架倒塌，橫在路口整整半天，釀成十小時的大塞車，而正值放工時間，市民花幾小時才回到家，導致怨聲載道。政府成立專責小組進行內部檢討，檢討結果未有公佈。大約兩個星期後，政府突然宣佈原任運輸署長霍文離職，由黃志光接任[1]。

和上上下下打成一片的署長

黃志光的座右銘是不管是否敵人，都要打成一片。在運輸署內，同事間，他是最會說笑的一個署長，用鼓勵和讚賞讓下屬有動力工作，他的兩位副署長和多位助理署長都是和業界溝通的能手。運輸署是面對最多市民的政府部門之一；每日數以萬計司機和車主申請執照和牌照，幾百萬人在路上或鐵路上返工返學，十萬計打工仔靠運輸業搵食，好幾萬個巴士、小巴、的士、渡輪老板靠著運輸行業淘金。一句話，好多人睇住運輸署，期望運輸署的高官照顧，讓他們出入快捷、平安；辦事快夾妥、不要阻住搵錢。黃志光不論對小市民和大老板，都善用他們的語言，游走他們之間，毫無隔閡，他一句「幫唔到都讓持份者好受！」，完全反映他的『道行』。

黃志光一輪嘴的說：「做署長幾開心，有自由度發揮，和專業人員合

---

1 2005年5月9東九龍大塞車，到5月27日政府突然宣佈運輸署長霍文離職，由黃志光接任。環境運輸及工務局局長廖秀冬及霍文本人都否認調職與東九龍大塞車事件有關。蘋果日報、香港經濟日報、星島日報、東方日報、文匯報、大公報等各大小報章都以顯着版位報導及評論，評論都把霍文調職和大塞車扯上關係。黃志光說他在大塞車發生之前已經獲公務員事務局通知，在北京接受培訓之後，出任運輸署署長。任命與大塞車無關。

作，無難度，合作愉快」。羅智光和何宣威兩位AO先後任負責運輸的常務秘書長，先後當黃志光上司。「羅智光十分正直能幹，知人善用，而何則是同期入職的AO，也對我很信任。兩位都放手讓我幹」。

政策局重組對施政的影響？

黃志光就任運輸署署長期間，服務董建華政府和曾蔭權政府，經歷政策局改組，運輸署由環境運輸工務局(ETWB)(2002-2007)改為運輸房屋局(THB)(2007開始)統領。黃志光感到政策局改組，對負責政策執行的署沒大影響。董建華政府於2002年7月1日起推行高官問責制，即特首之下設三司十一局，助其施政。但問責制初期，還是依賴公務員團隊，尤其是常務秘書長(常秘)，協助司局長釐定及落實各領域的政策。廖秀冬任ETWB局長時，統領三個不同範疇，她的風格是放手讓自己信任的常秘去幹，很少干預日常事務。黃志光稱讚她：「她很叻的，她信任你，就放手給你全權處理。而她最熟悉環保，就投入不少心思搞環保，成績不錯。至於運輸及工務兩個範疇，則比較倚重兩位專責的常秘。」

事實上，第三次總體運輸研究報告剛在1999年發表，新的運輸政策已定，鐵路及主幹道路基建亦逐步落實，廖秀冬已沒有重新制定運輸政策的必要，而她比較着重環保，當時環境影響評估條例也剛通過，許

多執行細節未定，要她處理。把運輸事宜放手給常秘，也是自然不過的。廖秀冬的前夫是AO，對政府和AO文化也了解。她對AO只有信任和不信任，信任就放手，不信任就不會用，在她任內，很信任羅智光，但亦更換了幾位AO。

後來ETWB改組，變成環境局、發展局和運輸房屋局，但負責各項政策範疇的常秘不變。負責運輸的常秘都一直統領運輸署、路政署和機電工程署。鄭汝華任運房局局長時，雖然重中之重是處理房屋事宜，但也花許多時間處理香港至深圳的高速鐵路，尤其是當時收地問題。

黃志光認同每位特首和局長都會有他們的心儀政策事項，即所謂首長工程。廖秀冬比較專注環境、鄭汝華是AO出身，方方面面都能兼顧，而繼任的張炳良對房屋政策認識最深。因為每個局負責的事項多，在首長工程外的事項，以常秘為首的公務員團隊就有更大自由度發揮，而公務員團隊是會按當時政策及法規辦事，如常運作，不會自把自為；常秘負責政策，下屬署長負責執行，執行時不斷檢討遇到的情況，讓政策得以修訂和改善。執行官員的個人質素和處事方法是會有影響，不可能排除。因此，局長會小心選擇自己信任的常秘和署長。

黃志光在出任運輸署長前對交通運輸事務不是一無所知。他第一次深入探討運輸議題是在中文大學修讀期間，他在學生報登過一篇文章，論及當時的運輸系統和未來發展。畢業後，第二份工是AO，當時家住

新界北，每天花數小時，坐火車巴士，往返中環上下班，受盡轉車之苦。當時不能承擔住在市區的房租，那種苦況，記憶猶新，讓他對運輸問題有個人感受。1990 年，黃志光任職康復專員期間，第一次以官方身份與運輸署接觸，當時要求運輸署提供方便傷健人士的設施，成功落實了傷健車輛免首次登記稅和油稅等，算是他的一點成績。

講得上自豪的功績

黃志光到任運輸署的即時任務是設法防止因突發事件而造成的交通大混亂，避免市民責難政府無能。黃志光認為當年落大雨令棚架倒塌，堵塞太子道交匯處，導致東九龍交通癱瘓，是不幸；也反映出部門之間協調溝通不足，缺乏危機管理思維和應變能力。黃志光的第一個任務就是完善應對緊急交通事故的機制，推行政策局領導的檢討工作小組提出的五十項建議，其中最重一項是按事故嚴重性制定分級制：由警示及戒備到即時行動。然後，按事故級別啟動協調中心的運作時間和人員要求的強度。這個緊急交通事故協調中心(Emergency Transport Coordination Centre, ETCC) 接收即時 CCTV 的訊息，了解主要幹道和路口的實時狀況，協助判斷交通樽頸，迅速制定應對方案。遇到重大事故級別就召集相關部門及公共交通營運商，即警察、地鐵、巴士公司的決策層代表，接受統一指揮，即時處理事件；同時，向公眾發放即時訊息，調動公共交通公具等，疏導市民，避免事故惡

化和混亂。這個中心可24小時運作，當發生最嚴重事故時，人員要駐紮留守，最長可達一個星期。

老天爺真的要勞其筋骨，苦其心志，黃志光真的遇上了重大事故，他印象深刻：「當年在處理『韓農事件』[2]就做足一個星期，我有張牀在部門裡，瞓足一星期，可算是無休止工作。我們以聯合督導模式(joint steering mode)作指揮，一步一驚心，但好彩都熬過去。」，這套經過考驗的機制往後就應用於處理黑雨、八號風球以上或其他重大社會事故等，都發揮效用。黃志光可算成功完成任務，鬆了口氣！

在ETCC內，黃志光記起還設立了一個錄音室，由總運輸主任或以上的高官做發言人，負責向傳媒發放訊息，24小時回答傳媒問題。每逢事故，做署長就要面對公眾，要解釋。黃志光笑言老天爺對他特別『眷顧』，他如數家珍的憶起：「在我任內發生不少交通事故，除上面講的『韓農事件』，沙頭角公路小巴撞車，死了兩個人，西洋菜街及旺角交通意外，又死幾個，巴士衝落西貢南圍死了近二十人，中環花園道斜路失控衝落山又撞死人，再加上的士堵塞花園道抗議等等，我經常見報。」。由於他和爸爸的樣貌差不多一樣，鄰里會和他的爸爸戲言「又見到你上電視！」。

第二件讓黃志光稱心的事工是創造一條龍一站式服務。以往，市民申請牌照、許可證、更改車主資料、預訂駕駛考試等等，每個手續都要

---

[2] 2008 年世界貿易組織在香港召開年會，韓國的農民團體代表和香港的支持者在會場附近的道路舉行激烈的抗議活動，阻塞灣仔一帶道路。

交通擠塞是揮之不去的景象，運輸署最辣手的工作就是解決交通擠塞。

親臨運輸署，到不同的窗口，交表一個窗口，交錢另一個窗口，有時大半天也辦不妥。運輸署也經常排長龍，經常被投訴。黃志光的資訊科技知識大派用場，他把這些繁複的程序盡可能電子化，重組署內不同的相關部門，讓市民可透過不同渠道一次過完成登記考試、續牌換牌、申領各類許可證，告票傳票等等的手續，可以網上進行，郵寄進行，當然仍可親自上運輸署服務台辦理。他面帶笑容，悠然自得的說：「我曾做過資訊科技總監，掌握這些知識的竅門，有助推動這工作」。

另一項黃志光感滿意的功績是舒緩交通擠塞。AO一定按政策辦事，他十分清楚當時的政策文件《1990運輸政策白皮書》對運輸的要求，即要讓香港保持活力(Keep HK moving)。運輸署的職責就一定要讓香港交通順暢運行，促進經濟發展。為做好這事，運輸署必須獲得警務處通力合作，這回黃志光很幸運，遇上了當時的警務處鄧竟成副署長，他負責交通警察及交通條例執法工作。鄧竟成是實實在在做事的人，他一口答應。不單警方總部交通組落力，各警區指揮官都幫忙。運輸署則在各區主要路口裝閉路電視，可以即時看到各區交通狀況，兩個部門共同參與，實時管控交通流動，舒緩交通擠塞。

為答謝和鼓勵各警區交通組通力合作，黃志光走訪各重要警區。他一派認真的解釋這舉措：「政府人員的交往注重官階，我是署長，官階D6級，要開會的話，一般是下級覲見上級，不過，為了得到地區警務人員通力合作，我會親自去到地區警署會見當區指揮官，他們的官

無論回歸前或後，運輸業從沒停止抗議行動，運輸署經常要平衡業
界利益。

階是 D2 。對我的到訪，他們覺得很有面子，也感到運輸署的誠意，為兩個部門的前線同事建立一個堅實的合作基礎。」

面對行業代表的酸甜苦辣

運輸署長必須和不同運輸行業的領導接觸，無論是甚麼場合，這些行業領導往往會積極爭取行業權益。運輸署長要面面俱圓，在無法滿足無盡要求下，又不致釀成充滿火藥味的社會衝突局面，要有技巧。黃志光提起處理這些問題，還是信心滿滿。他自信掌握各人利益所在和動態。運輸界各行各業有共同目的，即公平競爭環境，各自有利可圖。但時有衝突，鐵路、巴士、小巴、的士都是載客公共交通，在爭取提升客源的同時，亦有你爭我奪，導至各為其主的惡性競爭。

運輸署的官員都甚有經驗，明白不同行業組織有不同的關注點，立場和觀點。左派工會大都會看大局，不會添煩添亂，都有得傾。至於商會和其他利益組織，官員會儘力擺平。黃志光記起當時輔助他的副署長能幹，有幾十年面對行業代表的經驗，有事就請行業主要領導坐下來，慢慢講。黃志光的心得是『俾面』兩個字：「我也跟他們同枱吃飯，聽取他們的苦況，即使一時難以滿足他們的請求，也會向他們解釋。他們的週年慶典聚會，甚至是行業代表的喪禮都儘量出席。」

黃志光當運輸署長的趣事特別多，有一次有一名大聯盟代表郭先生衝

抗議行動往往堵塞道路，每每導致塞車。

進運輸署，他粗言穢語，動手動腳，喊打喊殺，要同事抱着他，以防出事。黃志光路過見到他，馬上上前打招呼，「最緊要是『俾面』。」

「有些行業代表財大氣粗，身家以億計，但非常孤寒，會為加價一毫子，坐在運輸署官員面前一講就四、五個鐘頭，的確難受。我是草根出身，聽他們講粗口都無問題。」黃志光對渾身解數的技巧，揮灑自如，似乎自得其樂。

黃志光自言他是上一代的政務官：「前輩有施祖祥、孫明揚、鍾逸傑等，施政作風親民，要走到民眾去，同佢地一齊，就算是不太友善的人都見，都會保持聯絡，山水有相逢。」

黃志光認為英國統治遍佈全球的殖民地幾個世紀，確有他們的辦法。例如他們不肯定或否定一些具爭議的言論時，會說「You can say it, but I can't possibly comment」，每每顯示他們的圓滑。不過，黃志光認為理順基層行業利益雖然困難，但也較坐在公共交通營運公司董事局周旋容易，例如巴士公司加價就要驗屍一樣，小心翼翼，搞清楚數據，一定不能讓這些公司不合理狂賺，不與乘客分享利益 (passenger share)。這些大公司喜歡聘請退休高官坐鎮做董事，他們有時可能是現任官員的前上司，了解政府或運輸署的運作，「我們稍有差池就被他們責難！」

有黃志光的這種貼地作風的官員似乎不太多，許多AO都是官仔骨骨，比較喜歡當金融經濟或商務貿易的崗位。黃志光也有十年光景處理這些比較『斯文』的行業，出入香港會所、銀行家會所、高級飯館[3]。接觸的人都受過高等教育，言談舉指比較『斯文』，肯定比和草根粗人接觸愜意很多。

總體運輸規劃無以為繼？

除了應付日常的交通運作，運輸署也得制定長遠規劃，尤其是主幹公路和鐵路網的擴展，以應付未來二、三十年的發展。回歸前，港府平均約每十年會進行一次總體運輸規劃研究[4]檢視現行的政策和基建，預測未來10至15年的運輸需求，繼而定出政策和擴展基建方案，確保運輸服務和基建能滿足發展的需求。回歸後，特區政府承繼了港英政府已進行的第三次總體運輸研究，在1999年發表報告，並落實一系列建議。按以往的程序，2007年左右就應籌備展開第四次總體運輸研究，黃志光任內並沒有接到指示，進行新一輪研究[5]。原因為何？當時並無深究。

黃志光推測當時未有推動第四次研究，可能因為在2008年發生金融危機，政府首先要全力穩定金融市場，無暇理會這方面的工作。再者，回歸後的香港，整體發展必然要顧及大陸的發展趨勢。當時政府不太掌握珠江三角洲城市群的發展，難以為未來交通運輸需求作預測。以

---

3 黃志光深知和商界飯吃飯要小心；只吃，不帶走一丁點東西。

4 政府分別於1976、1989及1997年進行3次整體運輸研究。

5 在立法會議員和社會經約20年敦促下，運房局長在2021年1月13日回答立法會議員口頭質詢時，透露會在 2021年啟動《跨越2030年的鐵路及主要幹道策略性研究》及《交通運輸策略性研究》。

往港英年代不需要理會大陸的發展，自行作長遠規劃。回歸初年的特區政府要顧及的事情很多，包括大陸發展，需要時間建立機制。特區政府進行一系列2030長遠規劃研究，並且聯同廣東省、深圳和澳門政府進行泛珠三角洲規劃發展研究，總算補足對大陸發展的了解，董建華政府以至曾蔭權政府都曾推動香港參與國內規劃發展，不單珠三角、長三角、以至大西北，都組團招商，北上視察。但始終中港融合並不成功，未成為主流，整體發展規劃也未有落實至總體運輸規劃。

不過，黃志光苦口婆心的說：「長遠來說，喜歡也好，不喜歡也好，香港是大灣區一個城市，和大灣區的融合是無可避免的，幾個關口接近爆滿，必須增加關口的流量，還應該直接連接到全國的高鐵網。」

黃志光對曾當運輸署長感到十分榮幸：「香港的公共交通從八十年代開始不斷進步。與四十年前相比，公共交通的規劃、基建和服務水平都是大躍進。我當時到上海、新加坡、首爾、東京交流，他們都讚香港搞得好，羨慕我們。我認為以鐵路為主的政策到今天都是正確的，只須完善，不需更改。地鐵站的垂直行人系統、半山自動行人扶梯、機場的自動行人輸送帶等等都是創舉，領先全球。」

顧後瞻前為官之道

黃志光當了三十五年AO，回顧自己的事業，有所感悟，認為當官不能

只看自己前程，要活在當下，處理好自己當前的挑戰，為市民提供優質的服務。「我一生最開心是任漁護署署長六年，我過了頭三年，已不想調位升級。我作為郊野公園總監，能保育環境，管理海岸公園、濕地公園、郊野公園、地質公園，看到有點成績，心感愉快。我很幸運，獲得上司信任。」

為官必須鼓勵及體諒下屬，署長必須明白運輸署的同事許多都是年資高，有些甚至比署長還要資深，必須要尊重他們才可讓部門運作順暢。黃志光深明此道：「他們在ETCC二十四小時開夜時，我會買糕餅慰勞他們，鼓勵團隊士氣。同事有問題，有時可能是個人問題，都要協助解決，不能置之不理。有人情味，同事做得開心，困難就易於化解。」

當官有權在手，同事作決定會來請示，隨時可以陷入飄飄然，黃志光經常告戒自己，有權就有責，要小心謹慎。對於南丫海難事故，他經常奉勸後輩，引以為鑑。海事處助理處長因海難入罪坐牢，真是不幸。

做官一定要有能力，但升級有時要看運氣，正是時也命也，命裏無時莫強求。黃志光印象深刻的說：「我記得有一次，特首曾蔭權來ETCC視察，他十分滿意這中心的設備和運作模式，但他突然問為何香港巴士還未有GPS(全球定位系統)，我答GPS在香港的應用十分複雜，他說香港那會比東京複雜？我不當面與他爭論。但的確是香港有許多高樓，嚴重影響GPS的訊號接收功能，東京就沒有這難題。但，過一天

傳媒報導以大字標題：運輸署長被特首譴責，有報章更數運輸署多宗罪。我真感無奈。我當時真的嘗試在巴士安裝GPS，為乘客提供巴士到站的預報，方便乘客，這系統在空曠的地段是可以的，但進入高樓林立的市區，根本無法接收到足夠訊號。今時今日，這難題可用電話訊號或者路燈感應器拆解，取代GPS，但當時科技未發展到現在的地步。」

面對未來，黃志光眼看目前政治經濟景況，不無愛之深恨之切的情懷。他直覺認為長遠來說，香港人必須接受香港回歸祖國這個歷史事實，社會和經濟要融入大灣區，完善香港連接灣區的運輸網絡。大概四十年前，香港官員和大陸官員溝通確有點不習慣，大陸官員的語言和表達方式，都令早年的港英官員有點隔膜。時移世易，過去三十年，內地社會經濟突飛猛進，香港官員應積極回應面對。現在見到有些AO選擇離開政府，到一些非政府機構，保良局、東華三院、馬會等，放棄政府富有挑戰性的工作，黃志光感到可惜。

恨鐵不成鋼

近年特區政府有許多提議，例如宜居城市、智慧城市、步行城市等等，讓市民有期望，但卻見不到顯著成效。黃志光嘅嘆：「近年官員的表現參差，不少市民覺得他們往往只懂得講，好像講了就是做了，有時

甚至諉過於時局動盪，或沒有條件可把期望落實，令公眾失望，有些官員似乎不願承擔責任，卻反問公眾：在時不與我的情勢下，應可怎樣做？」

黃志光對特區政府可謂愛之深而責之切，他說：「現任的AO及主要官員絕大部份都有良好的教育背景和社會經驗，但為什麼在很多政策範疇與市民的期望有那麼大的落差呢？希望他們能深切反省汲取經驗教訓，攜手合作，為香港未來努力，以市民的福祉為依歸，止於至善。」

1.2 基建振經濟

發展運輸基建往往是特區政府在經濟處於低谷時採取的措施，一來讓民眾看到政府對未來發展的雄心壯志，二來用公帑可刺激經濟，三來經濟低迷下建造成本必然尋底，成本效益必然會高，四來製造就業，收穩定社會之效。如此的靈丹妙藥，怎會不吞服？

自2019年，新冠疫情肆虐，香港經歷艱難時期，經濟尋底，失業率上升。社會領袖紛紛搞盡腦汁，提出提振經濟的方法。有人建議加速建北環線，連接通往深圳的所有口岸，發展口岸經濟。運房局則展開《跨越2030年的鐵路及主要幹道策略性研究》[6]，不過，搞基建提振經濟是否萬試萬靈的妙藥，值得探討。

基建助經濟有蹟可尋

發展運輸基建一直是香港發跡的基礎，有蹟可尋。1841年，英國侵佔香港這一片荒蕪的爛石島嶼，極大原因是看上了這天然的深水港，可供大型軍艦貨輪避風泊岸，當年穿越歐亞大陸就是靠軍艦貨輪。容讓遠洋人流物流令生意人做大生意，販賣罕有物資，賺大錢。香港的深水港碼頭讓英人有了基地，把中國的古玩、刺繡、工藝品、陶瓷、茗茶等物資運返英國，賺得盤滿缽滿。1905年，港英政府為加大運載力，向英政府借貸，建九廣鐵路，1911年建成，連接廣州至尖沙咀碼頭。

---

[6] 運輸及房屋局 - 新聞公報、演講辭及刊物 - 演講辭 - 運輸 (thb.gov.hk)

葵涌貨櫃碼頭吞吐量一度領先全球，讓香港經濟成為亞洲四小龍之一。

貨物可快捷方便從大陸運到尖沙咀碼頭，裝載上貨輪，就可出海。而從英國進口的貨物，亦沿九廣鐵路，運往大陸。這條鐵路可行走十二卡列車，運載大量的人和貨，讓香港由小漁港迅速銳變為國際商埠。尖沙咀及後起的北角貨運碼頭帶動許多船廠，包括黃埔船廠和太古船廠，造船工業遍布油麻地、大角咀、香港仔等地，鄰近尖沙咀及北角都是貨倉，以萬計的人都是圍繞着碼頭搵食維生。深水港碼頭和鐵路讓香港賺到第一桶金。1966年港府研究建葵涌貨櫃碼頭，1967年決定建貨櫃港，把香港推上攀登國際航運中心之路。

發展運輸基建的又一創舉要算是發展啓德機場和赤鱲角機場。啓德機場今天已是歷史[7]，1912年，這塊土地原本由何啟及歐德兩位先生購入作發展用途，但發展失敗，成為荒地。1924年，政府確定這塊地適合機場用途，回購後讓當時的飛行訓練學院和英軍使用[8]。1935年，政府決心把這個機場改為民用機場，建指揮塔和飛機庫。1936年，首班商業客運航班從檳城飛抵本港，正式讓啟德機場踏上成為國際機場之路。機場在二戰後重修，1946年，港府成立民航處，全力發展航空服務。1954年，港府制定機場發展總綱計劃。1958及1975年，一次又一次延長機場跑道，讓運載力越來越大的飛機升降。直至1998年，單跑道不能應付需求，機場搬到赤鱲角，啟德機場完成歷史任務。機場讓香港連繫國際，不單加速貨物流轉，更重要是人的交往，提供機會給港人成為世界公民。港人了解國際規則和秩序，有能力擔當中西

---

[7] 民航處 - 啟德機場 1925 - 1998 (cad.gov.hk)

[8] 約 1912 年始，無論機動汽車或小型飛機都是在港歐美人士或富豪一族的玩意

青馬大橋是新機場十大核心工程之一，推動經濟進一步發展，讓香港人恢復對回歸的信心。

橋樑，引入國際投資，促成國際貿易和金融中心。因國際機場而誘發的錢和人才比貨櫃碼頭和穿往大陸的鐵路還要大很多。

發展運輸基建的另一創舉應是在1967年決定建地下鐵路，若果碼頭、跨境鐵路和機場讓香港大開中門，向大陸和全世界開放，生意越做越大，賺錢越多；那地鐵就是貫穿香港各密集的人口，商業，工業活動區，打通交通經脈，促進人流，讓每天以百萬人次計可以快速可靠的返工、返學、經商、消費、娛樂…，讓全社會活動起來，對經濟效益無可估量。至此，香港無論外聯和內聯運輸網都齊備。

發展運輸基建以振興經濟及穩定民心的最偉大創舉要算是1989年港府宣佈建新機場及相關設施，即機場十項核心工程。這些工程包括赤鱲角機場、機場快線、機場高速公路、北大嶼山快速公路、西隧、三號幹線、西九龍快速公路等，當時民間稱為玫瑰園計劃。今天回看，果真讓香港在許多範疇領先全球，包括機場客貨吞吐量及港口貨運吞吐量。

重要元素

運輸基建能讓香港發跡具備一個極其重要的因素，就是香港越來越開放，積極參與制定和遵守國際規則和秩序，讓香港的小市場匯入全球的大市場，香港人努力貫通中西，創造適合歐、美、亞洲消費者品味

的商品和服務，成為全球強而有力的商品及服務提供者。無論是碼頭、機場、以及跨境鐵路或公路讓這些商品及服務準時、快速、可靠送達消費者；加上國際公認的法規和穩定的經營環境，香港建立了誠信、可靠、公平、開放的品牌。

運輸基建的提案必須有預測需求的支撐，不可能憑空想像。政府積累了過百年的數據，尤其是自六十年代以來經濟迅速起飛至今的數據。基於這要數據向前推算，政府可提出未來十年、二十年、三十年、短、中、長期的預測。當然，這預測假設了未來的發展會按原軌道前進，因此，預測的可靠程度完全依靠未來政經環境的穩定性，以及未來發展的趨勢。

未來發展

2021 年 10 月 6 日特首林鄭月娥發表任內最後一份施政報告，題為『齊心同行、開創未來』。在 10 月 5 日的記者吹風招待會，背板寫上『新局面、新機遇』，希望市民聚焦她在施政報告展現的未來新世界，並肩同行。

《2021 年施政報告》論述「新氣象、新未來」，即展示北部都會區規劃。而詳細構思盡在同日發表的《北部都會區發展策略報告書》中[9]。報告

---

9 這份《北部都會區發展策略報告書》https://www.policyaddress.gov.hk/2021/chi/pdf/publications/Northern/
Northern-Metropolis-Development-Strategy-Report.pdf 由特首林鄭月娥寫前言，並沒有登載作者的名稱。2021
年 6 月 1 日特首林鄭月娥委任規劃署前署長凌嘉勤當創新與統籌辦事處（創新辦）的「港深合作策略規劃顧問」，
估計這份報告是凌先生的創作。2021 年 6 月 2 日的明報、信報、星島日報都有報導這次任命。

書開宗明言是要回應國家十四、五規劃和深化前海開放策略，讓香港融入國家。施政報告開首章節的編排明顯讓人看到特首重中之重的施政是要回應國家寄予香港的重責。

為回應這項國家重責，特首提出發展北部都會區，把現有已規劃了的新界各發展區[10]貫穿起來，採用兩灣一河、雙城三圈、四新精神(空間拓新、觀念更新、政策創新、機制革新)等概念建設北部都會區。並提出基建先行，貫通新界北各發展地域，加速推動發展。政府提出五條鐵路：一是連接洪水橋至前海，二是西鐵向北伸延經落馬洲河套至新皇崗岸，三是東鐵線伸延至羅湖新口岸，設一地兩檢，四是北環線由古洞站接駁羅湖、文錦渡、香園圍打鼓嶺、皇后山和粉嶺，五是尖鼻咀至白泥自動捷運系統。這些新線涉及的走線和站點，部份(即北環線)在多次鐵路發展策略研究[11]曾認真探究外，其他要跟進認真研究。

《北部都會區發展策略報告書》是為回應國家十四、五規劃和深化前海開放策略而作，細看下，其中一項建議最為重要，即是連接洪水橋至前海鐵路一項，陳帆局長在補充施政報告時說：「已展開港深西部鐵路的研究，新鐵路連接洪水橋與前海，以加強香港與深圳西部的交通聯繫。」[12]。

---

[10] 粉嶺北、古洞北、元朗南和洪水橋/廈村新發展區都已制定發展圖則。

[11] 鐵路發展策略研究(RDS)共進行了三次，即RDS-1(1994)，RDS-2(2000)及檢討RDS-2(2014)。

[12] 政府新聞網2021年10月8日稿：研跨境鐵路加強港深交通聯繫。

西九龍幹線也是機場十大核心工程之一，連接新機場至九龍市區。

中環灣仔繞道讓港島北岸有一條完整的快速公路，舒緩交通擠塞，為
經濟發展掃除障礙。

小心行事再創輝煌

基建投資動輒幾百億投資，務求小心謹慎，計算成本效益，尤其是連接前海的鐵路線。回顧前特首曾蔭權為支持前海發展，在2010年施政報告提出的連接香港和深圳機場鐵路線，這條線既可停前海，更可發展成為連接澳門、珠海和深圳機場快速鐵路循環系統，打造香港作為十四、五規劃所期望的國際航運中心，即構建珠三角灣區國際國內機場樞紐，來往香港的國際乘客無論轉機往東亞周邊地區或國內都快捷方便得多。

以快速鐵路串通四個機場，中途停前海，來往香港不消半小時，整個灣區就可起動。況且現時已有不少乘客經港珠澳和深西口岸來往這四個機場，客量的需求數據垂手可得。十四、五規劃的精粹是要求香港把國際聯繫帶入國內，除了機場，當然是高鐵，若果香港的高鐵站能成為全國高鐵的一個進出口，即在香港就可乘高鐵到全國，而不需要在深圳轉車，那香港的功能就可全面發揮。

智能交通關鍵是實時數據搜集、整理、分析、判斷、作對策、發放，達到影響公眾行為的效果

1.3 邁向未來：智慧出行及電動車

時代在變，人對交通服務的期望在變，人們期望能完全掌握自己的行程，決定出行的時間，選擇合適的交通公具，以最快或最舒適的方式到達目的地。隨着搜集和傳遞資訊的科技發達，提供即時資訊方便人們自行抉擇(統稱智慧出行)並不是遙不可及，有遠見的政府都在你追我趕，能在這轉變中領先。另一方面，全球已定下目標淘汰現時燒化石能源(即油或氣)的車輛，以減少廢氣排放，舒緩氣候轉變的速度，避免引起鉅大天災。為此，國內外主要汽車生產商都投放大量資源，發展電動車或氫氧車，以電動車為主。國內城市已大規劃生產及採用電動車，香港政府需要推動把傳統車輛轉換成電動車已是迫在眉睫。

一、智慧出行

政府在2021年首季提交兩份有關智慧出行文件，供立法會討論。一份是「政府收費隧道及青沙管制區的不停車繳費系統」[13]，這兩個系統是智能運輸系統及交通管理的十三項組成部份，建構智慧城市(見圖一)。這些智能系統的核心操作是快速有效收集即時交通訊息，提升管控交通能力。

智慧出行是智慧城市重中之重的構件，特首林鄭月娥2017年上任之

---

[13] tp20210105cb4-320-4-c.pdf (legco.gov.hk))，另一份是「推行電子交通執法系統」(Microsoft Word - Draft Transport Panel Paper - HKPF's Traffic e-Enforcement System_C_11032021 (clean).docx (legco.gov.hk)

圖一：香港智慧城市藍圖中的智慧出行措施

智能運輸系統及交通管理

- 一站式流動應用程式「香港出行易」內的步行路線搜尋功能已全面啟用，會繼續鼓勵市民安步當車

- 2024年年初前於政府收費隧道及青沙管制區實施不停車繳費系統

- 於主要道路及所有幹線安裝約1 200個交通探測器，提供額外的實時交通資訊

- 開展中環電子道路收費先導計劃

- 繼續試行在5個路口設置智能感應行人及車輛的實時交通燈號調節系統，以優化分配予車輛及行人的綠燈時間

- 繼續推動自動駕駛車輛在合適地點的測試及使用

- 因應系統的可靠性、易用程度及效率，鼓勵公共交通營辦商引入新電子支付系統

- 2022年完成建立專線小巴實時到站資訊系統，並繼續鼓勵公共交通營辦商開放數據

- 試驗利用科技打擊不當使用上落貨區、違例泊車及其他交通違例事項

- 開發啟德體育園的人流管理系統，以便在舉行大型活動時監測人流和車流

- 已完成在車輛應用地理圍欄技術的試驗，並會繼續研究能否在專營巴士應用有關技術，以提升巴士安全

- 設立10億元的智慧交通基金，推動與車輛相關的創科研究及應用

- 開發交通數據分析系統，優化交通管理和提升效率

初，發表建設智慧城市的藍圖[14]，以提升市民的生活質素，即令衣、食、住、行更方便、更環保。所謂智慧城市是要凝聚人類的智慧，把死板城市注入生命，如同人類一樣，接收到刺激時就會有反應。人類有智慧，是指我們有眼、耳、口、鼻、皮膚，能接收各類訊息，傳送到我們的腦袋，腦袋會分析，作出各類反應，讓我們避險，享受快樂和歡暢。讓城市有智慧，就是賦予城市有收集訊息、分析訊息和作出反應的能力。智慧城市就是把人類尖子的能力存入電腦，讓電腦變成尖子中的尖子；就如電腦棋王，最終打敗人類的棋王。簡言之，要有智慧，就要有收集、分析和應對訊息的能力，而收集訊息是智慧之始。

智慧出行是智慧城市重中之重，因為民眾每日衣、食、住、行的決策，以「行」的決策最多。每天起床，我們就要決定有什麼事要做，上班的上班、返學的返學、尋找娛樂的、朋友聚會的、各自各精彩，都要選擇出門，用什麼交通工具去目的地。無論選擇私家車或公共交通工具，出門之前，都要接收一下交通訊息，道路有沒有擠塞？鐵路有沒有問題？然後想一想，決定最有利於自己快速到達目的地的行動。市民每天都要做這些無可避免而沉悶的決定，若果能交給電腦，那多好！民眾出門，電腦會告知即時最好的出行選擇，準確無誤地去到目的地。

港府選擇推行十三項智慧出行措施（圖一），這些措施主要是採用現時已有的數據，開發分析系統，或操作系統，提升效率，方便民眾。例

---

[14] 香港智慧城市藍圖 | 智慧城市 (smartcity.gov.hk)

路兩旁的智慧燈柱收集實時行車、溫度、廢氣濃度等資訊，是智慧城市最重要的設備。

如利用行車定位訊息，提供巴士和小巴到站訊息。又例如電子支付系統，方便繳付車費。再例如開發「香港出行易」，為出行民眾選擇最好的即時出行方法和路線。

破條條框框推智慧出行

用家下載、安裝和打開運輸署開發的「香港出行易」，期望會更方便出行，期望當鍵入出發點和目的地，會有指示，告知乘車選擇，走路和乘車路線及收費等。「香港出行易」卻只連結到各公共交通營運商的APPS，用家要自已慢慢找！期望與現實有一定差距。

是不是沒有科技改進這「香港出行易」APPS，提供更貼心服務呢？非也，另一個國際通用的Citymapper APPS就做到。市民懷疑政府不願花錢，改良「香港出行易」，因為這項工作只會花錢而無收入！

事實上，推行智慧出行不單要錢，還要打破條條框框！，許多人似為巴士小巴到站訊息顯示應該是最容易提供了吧，但就是不明白為何一直沒有出現。原來運輸署要求營運商自已提供。巴士公司大財團對不賺錢的東西，就是拖拖拉拉，細小的小巴營運商一定不會做，市民只好乾等。至於電子支付車費，政府高唱入雲，但市民感到政府只講不做。香港歷史悠久的八達通，搞了幾十年，為何市民日日幫襯的街市檔攤商戶、屋村小店舖、甚或的士司機都不用八達通呢？理由是八達通要

在商言商，收用戶行政費，正是在『乞兒兜中搶錢』，可行嗎？可恥嗎？坐擁千億計的港府與其高唱電子支付，不如動用一點零錢，幫幫這些細小商戶，補貼了這些行政費。那政府也可挽回一點「言必行、行必果」的聲威。

商界主導智慧出行未必可行

智慧出行中包括不停車繳費，不停車繳費已實行幾十年，科技依舊，所謂新的智慧只是繳費咭變成繳費貼，纖細很多，繳費貼又分可識別車牌和不識別車牌兩種，加上租車司機另一種，共三個類別。繳費貼可儲現金或聯到銀行戶口，能即時繳費，功能大致和現時的自動繳費系統無差別，只不過，現時的營辦商又是在商言商，收行政費，有加無減。幾十年都只吸引到三十多萬用戶，即約八十萬車輛中大部份車主都不願意採用，迫得政府要繼續提供其他停車繳費的方法。大部份車輛要停車繳費，還要找續，從六十年代至今不變。車輛在收費亭前穿穿插插，找正確的行車道付費，險象環生，作為現代化的國際城市，落後的面，呈現人前！

政府為洗刷形象，只能痛定思痛，自己包辦，出錢安裝不停車繳費系統，然後找服務供應商操作，並立例強制全部車輛使用，懲罰搞亂、干擾、破壞系統和不繳費的人。運輸署在車主換車牌時送一張繳費貼。

由於是送的，又不收行政費，估計應無爭議。唯一有爭議的是所有收費點都有攝錄設備，可清晰紀錄車牌，用作向不繳費車輛追債。這系統當然也可長期開動，追蹤車輛，提供數據，用作分析車流和行車習慣，改善交通規劃和控制，當然數據也可有其他保安用途。收集這些數據會不會侵犯私隱，還不肯定。不過，政府推行這不停車繳費系統，肯定收益大。這系統收費更快，尤其在非繁忙時間，行車更有效率，估計可應付更多的車流。收入增加的同時，還可省卻收費員，又可收縮收費亭的面積，騰出的土地作更好的用途，產生更大收益。

小心處理個人資料是關鍵

智慧出行必要搜集即時資訊，包括個人資料，例如電子交通執法，涉及敏感的個人資料。由於是警方執法，民眾特別敏感。要有能力捕捉違例的車輛，例如違泊、違規過線、違規進入管制區、超速、不按交通指示等等，都要舖天蓋地安裝資訊搜集設備，有足夠證據才可發「牛肉乾」。運輸署早在一年前已開始發有二維碼的行車證，估計全部車輛會很快都有二維碼行車證，警方可利用閱讀器，快速掃二維碼，取得登記車主的資料，發出「牛肉乾」。為確保「牛肉乾」可以快速送達事主(即車主、司機、各類許可證和牌照持有人)，法例規定當局可搜集個人電郵地址和流動電話號碼，若有關人士不合作，可受罰。簡言之，這電子交通執法措施可讓警方掌控現時約80萬車主、230萬司機

和不知數量的許可證人士的真實電郵地址和流動電話。警方的執法能力會大大提高,發「牛肉乾」的數量和精確度亦大大提高,道路上的違規情況理應大幅改善,導致塞車的惡果亦減少。但有一得必有一失,市民的私隱有沒有恰當的保護?相信是取得市民真誠合作的關鍵,亦是市民能否樂意享受智慧出行的關鍵。

二、電動車

政府確是曾領風氣之先，早在2011年成立「推動使用電動車輛督導委員會」[15]，由財政司任主席，成員有環保局、商務及經濟發展局、財經事務及庫務局、創新及科技局、及運輸及房屋局局長，成員也包括一些專家學者，以高規格委員會推動電動車市場在香港發展。但委員會似乎只有環保局作支援，亦只有環保署負責實務工作，其他政策局並無相關工作。

欠缺動力和思維

委員會的動力當然視乎主席的能量；無論曾俊華或陳茂波司長任主席，他們從來沒有顯示對推動電動車有任何興趣，更遑論雄心壯志。司長把責任推到負責秘書處的環境局去，而黃錦星局長最心儀的議題是廚餘，其他都不上心，電動車議題就壓下去，由環保署全權負責。環保署長是誰？似乎潛了水！把這項工作再往下壓，由其中一名助理署長負責，最儘責的助理署長也只能在他職權範圍盡做。傳媒和公眾質疑推動電動車進度緩慢，當局就經常拋出一句「技術未成熟，得按步就班」。

環保署官員完全根據部門過往思維行事，接納電動車作為一種產品在市場使用時，當然要技術成熟，百分百安全可靠。它完全不了解政府

---

[15] https://www.epd.gov.hk/epd/tc_chi/environmentinhk/air/prob_solutions/sc_promotion_of_electric_vehicles.html

正在英國行走的電動雙層巴士

設立「推動使用電動車輛督導委員會」的初衷。委員會包括了商務及經濟發展局、財經事務及庫務局、創新及科技局、及運輸及房屋局局長，明顯是要創新及開創新市場！

全球在過去十年的電動車發展是一日千里，主要車廠由零至全面生產電動車，以至訂立停止生產電油或柴油車的日程，電池由只可走百多公里到接近五百公里。充電時間由超過八小時縮減至約一小時。香港市面由只有日產電動車，現在有比亞迪、特斯拉、賓治、寶馬、豐田、現代、大眾、等等電動車。價錢由比同檔次的傳統車以倍計跌至相差不多。電動車的燃料費支出比燃油減少百分之七十，雖然保險費增加了，但維修和牌費都減，國內和歐美國家轉用電動車的勢頭強勁，而本港電動車數目由十年前的幾百輛只增至約一萬五千輛，佔全港約八十萬輛車的0.19%！

歐洲發達國家下定決心淘汰傳統車，約在2035年前後，全面停產和停售汽油車和柴油車。中國在電能源車市場佔了領導位置[16]，畢馬域2020年《中國汽車行業：勢不可擋的電動化浪潮》[17]明確指出中國電動車企全球領先。中國主要大城市都勒令公交全面電動化、根據中國《新能源汽車產業發展規劃2021至2035年》，到2035年全國公交車輛都轉為電動車。2020年，深圳已經把全部巴士及大部分的士電動化，上海、北京也不遑多讓，帶領全國公交汽車電動化。中、歐、美、日都

---

[16] https://webstore.iea.org/download/direct/2807?filename=global_ev_outlook_2019.pdf

[17] https://assets.kpmg/content/dam/kpmg/cn/pdf/zh/2021/01/2020-china-leading-autotech-50.pdf

新能源汽車基金資助測試的電動車

有明確路線圖和時間表。政府重中之重的工作是強力推動建設充電設備基建。

過去十年財政司領導的「推動使用電動車輛督導委員會」連工作日程都沒有。環保局在2021年提出路線圖，為不同車種電動化提出落實方法。但卻只強調資助在私人屋苑建充電設備，利用「新能源運輸基金」部份資助商用車試用新能源車輛。對於政府要做的各項準備(相關法例和推行機構)及建設，就沒有新資源，時間表亦欠奉。其實，政府最需要的是要拿出土地，在全港公眾地方，包括政府停車場和路邊泊位，在某年某月完成興建充電設備，就能實實在在推動電動車市場的發展！

回到初衷建電動車新興產業

過去十年兩任財爺都對推動電動車不感興趣，最有可能的解釋是這項政策對庫房有負面影響。減免首次登記稅及牌費都令政府收入減少，全港約有80萬車輛，若果全部轉成電動車，庫房每年的收入會減少以百億計。財政司的主要職責是開源節流，怎可能接受多一項如教育醫療等長期有出無入的政策？！但財爺可能百密一疏，忽視了電動車首先是新興產業，環保是次要。中、歐、美、日、韓等產車大國正是你追我趕，攻佔這個全球的新興市場，香港自命為中國對外的超級聯繫

人，為什麼不主動搶先飲頭啖湯？

過去十年香港的學術界和商界磨拳擦掌，紛紛想攻佔電動車新興市場，自己研發電動車、充電器、電池及車輛控制系統。數年前，理工大學小型電動車成功落地，可惜沒有得到適當的支持繼續發展，把專利買到外國。本地一所研發電動小巴公司也奮鬥幾十年，但一直無法在小巴站頭設置充電樁！本地年青才俊研發充電設備和管控系統無用武之地，只好往國內跑。香港生產力促進局也加緊了研發電動營業車和相關支緩系統，商界更成立了電動車商會，正是萬事俱備，只欠財政司吹「鷄」。

過去十年環保人士不耐煩，認為財爺既然「霸着茅廁不拉廁」，不如成立獨立專門機構，取而代之。但這想法肯定是錯誤的，因為成立任何機構都只會低於財政司領導的委員會，只會降格，只會更差，不會轉好。其實只要財爺能看到電動車有商機，為香港創造品牌，建立新的經濟支柱，為人民創造就業，為國家充當超級聯繫人，為國立功，那香港是可搶佔先機的。

若財政司絕不會主動推行政策，那特首作為政府之首，要作最終決定，為香港創造電動車新產業，邁向未來！

已投入歐、美、日本市場運作的氫氣車，會在可見未來與電動車爭鋒。

1.4 香港高效城市交通成功之道

城市交通效率領先全球

我們習以為常，以為理所當然享有的東西，從沒有想過得來不易。直至有所貶損，甚或失去，才猛然醒覺，一切都不可能是天賜的，必須努力爭取和維護。流暢和高效的城市交通就是其中一項，它是構成香港作為全球最有競爭力城市的要素。香港約2150公里的道路和約266公里的軌道[18]，每天承載過千萬的客運行程和以百萬公噸計的貨運行程，軌道交通的平均準時率超過九成九，市中心在繁忙時段的平均車速接近每小時二十公里，是全球城市豔羨的，香港一直是全球城市交通規劃管理的典範。與全球主要大城市相比，香港平均每人在交通能源的消耗率是最低城市之一，平均每人在交通行程上的炭排放量也是最低城市之一，對控制温空氣體排放，以至為穩定氣候變化盡了一點力。

列車班次密、準時率高而事故率低

公共交通的服務水平是如何衡量的呢？一般而言，是乘客的候車時間，行程時間和舒適程度三項指標。班次越密，候車時間越短，越能讓乘客滿意。而鐵路是專用軌道，掌控班次的能力最高，它不受其他交通

---

[18] 運輸署2021年網站刊登的數字

影響，班次的頻密程度只取決於安全準則；即壓止追撞危機的情況下，可控制列車的間距至最短。要達到精確而不容有失的調控，就得依靠高速和精準的感應器，訊號顯示器和電腦了，即統稱訊號系統。全球的頂尖系統供應商不斷提升訊號系統的安全及效能，推出一代又一代的升級系統，而香港鐵路在盈利的前題下，絕對有能力適時採用升級系統，提升每小時班次，推高載客能力及盈利能力。

行車速度

交通運輸是否高效？最考功夫是控制路面車流，路面交通遠比鐵路交通複雜，原因是馬路的使用者多，有行人，有拖着行李的、推着嬰兒車的、更多是不同類型的車；單車、電單車、私家車、小巴、中巴、大巴、雙層巴、的士、小貨車、中貨車、大貨車、貨櫃車⋯，一人有一個夢想，個個都想優先，爭先恐後，東鼠西竄，正是亂七八糟；要管好，談何容易？治亂世，當然可用重典，把胡亂過路的行人或亂衝亂撞的司機關押，把違泊的車輛扣查，甚或把違規者示眾受罰。但要令大量道路使用者無時無刻循規蹈矩，提升公民意識，互諒互讓，是唯一的方法。而讓交通有序通行，就得依賴科技。

科技提升了高效行車管理，智慧交通應運而生。智慧包含三個重要元素；一是以秒速搜集資訊，二是分析資訊及三是決定行動。香港一直

依靠智能交通管理系統搜集路面行車即時訊息，分析和調整交通燈和行車線控制。行車的速度反映科技和民眾的公民意識的水平。在正常的日子，香港最繁忙的路面從來沒有出現過交通完全堵塞，車速能維持在每小時10公里至20公里之間，在國際大城市中，表現出息。

高效的要素：政策及規劃的藝術

高效的交通是平衡供求的藝術成果，交通需求會每秒、小時、日、月、年不停改變，決策者要管理需求或提升交通設施滿足需求。應付交通的建設（『供』）一定落後於民眾對交通的需求（『求』），正是「有崖隨無崖，怠矣！」。

決策都必須明瞭供求的特點，方能掌握平衡供求的藝術。

先講『求』，即客運和貨運的需求，即人口和經濟發展引發的運載需求，亦隨着人口和經濟的變化而變化。人要工作、上學、購物、娛樂等，就得出行；人需要日常的食物、用品、家具、消費品，要由工廠運到散貨點而零售點，貨運由此而生。人和貨，每天都出行，得依靠運輸工具由出發點運到目的地。出發點和目的地有多少人和貨，就決定運輸需求有多大。而出發點離目的地有多遠，就決定行程的長短。若出行都要在「朝九晚五」進行，每天需求就出現繁忙時段。簡言之，人口和貨物多少、分佈及習慣、行程長短和高峰時段決定了需求的千變

萬化。要滿足需求，即有求必應，那『供』就必須隨着『求』而千變萬化。

『供』，即提供交通工具，包括飛機、輪船、火車和道路汽車的不同選擇；亦即建機場、碼頭、火車站軌和道路等基建設施，以應付客貨運的需求。需求變化不斷，供應也得趕上。若供不應求，客貨都要等下一班機、下一班船、下一班列車或堵塞在路上。供過於求，建了的機場、碼頭、鐵路和道路就很少使用或空置無用，浪費資源，成為大白象。

平衡交通供求是一門藝術，要巧妙的運用兩項工具，一是政策，二是規劃。政策影響出行的意慾、時間、選取的文通工具，亦會影響交通基建的供應。即無論供求都受政策的規範。規劃則決定未來人口和經濟的發展和佈局，決定交通需求和接駁的交通基建，促進人口流動和經濟活動。

運輸政策

運輸政策是公共政策之一，而公共政策每每涉及分配有限資源予無窮使用者，必然觸及公平和公道等基本原則；交通政策要分配水道、軌道和道路等設施給各使用者，分配的份額不可能一樣，往往招致怨憤和投訴，必然引發檢討又檢討，而要修正、微調甚或重新分配，引來

政策左搖右擺的指控。事實上，制定政策時就如踏上平衡木一樣，左搖右擺。政策就是一項搞利益平衡的藝術。每一個使用者都不會認為自己的利益受到充分照顧，永遠都會有投訴，決策者要回應投訴，政策就不可一成不變，變幻才是永恆。

但政策也不可能話變就變，令人無法預測，無法適應，導致不可預期的惡果。政策轉變必須有一個合理的過程，不可朝令夕改。制定政策的過程就得公開透明，給予充足的時間討論，消化和準備可能的改變，避免黑箱作業和利益輸送的指控，亦讓持份者明瞭彼此的利益所在，以及政策考慮的因素，減少持續不斷的糾紛。

運輸政策絕不是從天而降，而是逐步隨着人多貨多而形成。香港開埠初期，人口不過數千，以轎、人力車或馬車為主，許多糾紛自行解決，不用規管，當然就不用政策了。直至轎伕、人力車伕多了，爭食出現難於自行調解的矛盾，港府只好發牌規管，約束收費、轎和車的結構安全、以至經營範圍。至1900年代初機動汽車引入香港，交通意外傷亡增多，港府不得不規管汽車的結構安全、行車速度、司機的駕駛技巧。到二次世界大戰及中國內戰結束，大量人從大陸湧入香港，人口從幾十萬迅速增加超過一百萬，其後以每十年又增加約一百萬，人口壓力激增，可幸經濟亦同時迅速增長，無論海、陸、空的運輸需求颷升，港府不得不大幅擴建道路和鐵路，又制定整體運輸政策，應付發

展引發的交通需求。港府到 1974 年發表運輸政策綠皮書，諮詢公眾意見，1967 年進行了香港集體運輸研究，1968 年進行香港長遠道路發展研究，大致上奠定地下鐵和快速公路的發展方向。1976 年發表第一次整體運輸研究報告，最終於 1979 年發表香港的第一份香港境內運輸政策白皮書[19]。

這份白皮書提出三條腿走路的政策方向，應對飆升的交通需求：一、改善道路系統：建設港島、九龍及新界主幹公路，讓車輛快速跨區，不至倒塞在原有的小路上；二、發展及改善公共交通：鼓勵使用鐵路列車、巴士、渡輪、電車和小巴等公共交通公具，讓大批民眾可準時返工返學及三、更有經濟效益地使用道路系統：讓巴士和救護車等可優先使用路面，控制交通量至道路可應付的水平，財政手段是必要的方法，即調整牌費和燃油費等以壓抑車輛的增長。政策最終目標是要令在市區內繁忙時段的平均車速維持在每小時 19 至 22 公里之間。

簡言之，港府提出的第一套運輸政策就是大幅提升『供』，即大舉建鐵路、道路和碼頭，以滿足飆升的交通需『求』。但港府預示『供』不應『求』；因此，還留有一手，要壓抑需求的增長，以平衡供求。這也是數十年來最爭議的政策。除了不間斷的增加車輛首次登記稅、牌費、燃油稅，泊車費等外，還推出電子道路收費，打從八十年代開始，每次加強壓抑力度，爭論又起，未有停止過。

---

[19] 1979 年 5 月環境科出版《保持香港前進：內部運輸政策白皮書》

1978 年中國大陸改革開放，香港的工業北移，香港的轉口港角色更形重要，過境的人流物流由緩緩上升至大幅飆升，香港的土地使用和交通模式發生根本變化。港府不得不重思考整體運輸發展和佈局，港府於 1989 年 5 月完成第二次整體運輸研究，同時印發第二份運輸政策綠皮書進行公眾諮詢，在立法局辯論和收到超過 200 份意見書，1990 年 1 月發表香港的第二份運輸政策白皮書[20]。

這份白皮書肯定上一份白皮書的政策及成效顯著，1988 年在繁忙時段的市區行車平均速度是每小時 24 公里。白皮書提出再一步加強三條腿政策，達至『供』『求』平衡；即一、提出更大規模擴建鐵路和公路網，連接未來新機場[21]、貨櫃港及過境口岸等重要設施，又連接新市鎮 (屯門、將軍澳及東涌) 至市區；二、提升公共交通服務，鼓勵鐵路及渡輪非陸路公交，設巴士專線，提升公交的可靠和舒適度；及三、管控交通需求至道路可應付的水平，包括修改土地用途、鼓勵彈性上班時間、利用現代化交通管理系統、加費 (包括隧道) 加稅、保留道路收費的選項、以及持續限制的士小巴數量。

1990 年第二份運輸政策白皮書延續了 1979 年第一份政策白皮書，但為應付大陸改革開放和搬遷香港國際機場，增大了境內及過境運輸基建，又為預期更嚴重的交通擠塞，加大現代化管理交通和壓抑車輛增長的力度，但卻未有認真考慮環境影響和傷殘人士可達性的社會期望。

[20] 1990 年 1 月運輸科出版《邁向 21 世紀：香港運輸政策白皮書》

[21] 1989 年北京發生「六、四事件」，導致港人移民潮，港府隨即決定展開十大基建，穩定民心，包括把香港國際機場由九龍啓德搬遷到大嶼山赤立角。

這些日益強烈期望要到1999年公佈的第三份運輸政策才有回應。

港府在1996年決定進行第三次整體運輸研究，以應付不斷增長的人流物流，提供未來十五至二十年的基建設施和規劃，特區立法會於1997年7月23日通過撥款，進行這項研究，1998年就研究的建議諮詢立法會、交通諮詢委員會、環境諮詢委員會及區議會等，整理意見(十場諮詢會及超過40份意見書)後，研究在1999年9月完成，同年10月特區政府公佈《邁步前進：香港長遠運輸策略》[22]的文件。

第三份運輸政策文件《邁步前進：香港長遠運輸策略》確認上一份政策白皮書，並進一步加強三條腿的策略；即大幅提升基建，公交服務及控制交通需求。在基建的環節上，除大幅擴建公路鐵路網，尤其是應付過境需求外，要確保基建能適時興建，避免市民忍受花長時間上班上學之苦。在公交服務上，確立以鐵路為骨幹，其他公交為輔的策略，讓最有效率和可靠的公交優先。在控制交通需求上，會更廣泛運用新科技管控交通，亦積極研究電子道路收費的可行性。新策略的最大突破是首次為整體運輸基建的各種選項進行策略性環境影響評估，並諮詢公眾(包括環諮會)意見；同時亦提出輪椅車人士道路和公交的可達性。這兩項新突破和國際交通運輸發展方向接軌，讓香港在國際城市中持續處於領先位置。

[22] 1999年10月運輸局出版《邁步前進：香港長遠運輸策略》

電子道路收費

在平衡交通的『供』『求』上，『供』是永遠追不上『求』的，因此，連續三份運輸政策都提出大幅提升基建，以應付不斷增長的交通需求。事實上，許多國際大城市都無可避免採用道路收費以管控交通需求，肯定收錢是最有效的方法影響駕駛人士的出行習慣，令交通量在道路可應付的水平，行車速度提升至可接受的狀況。

市民對政府徵費反應很大，尤其是感到是苛徵雜稅，又看不到好處，直覺就反對。根據一貫的運輸政策，政府四次提出電子道路收費計劃[23]，一直都未能落實。從1983年至2009年的三次只停留在概念性的探討，2017年的先導計劃則觸及幾個關鍵問題：收費機制、時段、水平、豁免和優惠。首三次失敗的共通點是市民 (尤其是駕駛人士) 完全看不到計劃的好處，只看到計劃帶來的惡果，主要反對意見包括苛徵雜稅、追蹤車輛而侵犯私隱、針對部份車輛類別不公平、其他方法如清理違泊車輛更有效解決擠塞等。政府沒有說明電子道路收費適用的地區和時段，市民普遍害怕會全面實施，連90%乘坐公交的市民都害怕收費會轉嫁到他們身上。一次又一次，政府都未有完全針對市民的疑慮而作改變和向市民解說。失敗的三次都只重點檢視技術可行性，尤其是侵犯私隱的問題。對於最關鍵的徵稅、公平和適用地區時段等都無有着力回應。

---

[23] 政府在1983-85年推香港電子道路收費計劃，在中環測試、1997-2001年進行電子道路收費可行性研究，並實地測試新收費系統、2006-2009年進行交通擠塞收費運輸模型可行性研究及2017年進行中環及其鄰近地區推行電子道路收費先導計劃可行性研究，2017及2018年施政報告說明會儘快推行，但一直未落實。

相信要成功落實電子道路收費，政府必須汲取其他國際大城市成功經驗，包括回應市民的關鍵疑慮，讓市民看到好處和強而有力的解說。按此，政府若能考慮以下幾點，或許會對正在或未來再推動電子道路收費計劃有幫助，扭轉屢戰屢敗的宿命：一、作出承諾在區內徵收到的擠塞費用於改善公共交通服務或直接資助乘坐公交；二、制定實施電子道路收費的啟動條件及機制，保證不會隨意推展到全港各區；三、保證公共交通工具得到豁免，收費不會轉嫁到乘坐公交的市民身上；四、承諾只在不能接受塞車情況時段收費，不擠塞不收費；五、委任有公信力和說服力的人士負責向市民解說計劃。

任何已發展的大城市，隨着土地已建樓及其他城市設施，又隨着人們對環境生態保護意識不斷提高，擴建道路和鐵路會越來越困難，亦越來越昂貴，想繼續以『供』應『求』的做法，會舉步為艱。讓電子道路收費上馬管控需求，是大城市急切的選項。

運輸規劃

交通的需求歸根究底是規劃的結果，人住在老遠的新市鎮，工作卻集中在原有的經濟中心，人就得要山長路遠乘車上班，交通需求必高。因此，要達至交通『供』『求』平衡，最根本是從規劃入手。事實上，每次進行整體運輸研究首先就要輸入土地規劃的數據，運算可產生的

交通需求量和分佈情況，進而評估現有道路鐵路網能否承載，不行就擴建。簡言之，人口和經濟增長啟動土地規劃，土地規劃決定交通需求和基建。

規劃最重要的決策是繼續不斷擴大原有都會區？還是建多於一個都會區？絕大部份的工作都集中在都會區，而大部份人都住在都會區以外，那道路鐵路都只能條條直插都會區，若只有一個都會區，必然造成繁忙時段擠塞，無論鐵路、陸路、海路、行人路都是人，人山人海。只能使出強力的管控手段，才可能安全讓人流物流緩緩移動。若多於一個都會區，交通可分流到不同的都會區，一定改善人流物流。

香港曾經推行過自給自足新市鎮，如沙田、大埔、元朗、屯門等，這些區有許多公屋，都有工業邨，居民應可在區內返工返學，步行或騎單車都可以，單車徑、道路或輕鐵已可應付。可惜，工商業都沒有在這些區蓬勃發展，工作崗位遠遠不能滿足居民的需求，居民還是要長途跋涉，花錢費時往來舊市區返工，確是苦不堪言。

政府要建立新的都會區，必須坐言起行，由政府做起。政府有約十八萬工作崗位，若把部份遷往新都會區，已可以吸引更多居民留區工作，而無論工、商、金融業都要政府相關部門支持，會隨着政府部門搬遷而搬遷，工作崗位就有乘數效應，留區工作的人會更多。

香港進行過三次整體運輸研究，分別於1976、1989及1999年完成並發表報告。三份究都首先抽取當時規劃研究的數據，1976年開始建新市鎮，包括荃灣和官塘，以至後來沿九廣鐵路(即今的東鐵線)建造的新市鎮，全部都只顧及串連新市鎮和舊市區的公路和鐵路。1978年有了大陸改革開放的大量過境交通，除了考慮境內交通外，還要顧及過境交通。但由於沒有大陸的發展數據，只能從過境交通的增長量粗略估計未來十至十五年的交通量。1997年香港回歸祖國，兩地增多了交流，規劃署在1999年展開了2030年長遠規劃研究，對過境交通的趨勢了解更多，跨境基建需求增加，報告提議加快完成上水至落馬洲鐵路支線及建西部通道和港珠澳大橋，以應付至2016年的需求，這些建議都全部得到落實。

聆聽公眾的意見

1949年以後，香港人口和經濟激增，山邊木屋和山寨廠滿佈香港。1960年初，港府啟動規劃發展，有序應對衣、食、住、行。從一開始，港府並沒有足夠資金進行各項基建，只好儘量借助私營機構和資金建設香港，例如批出專營權讓渡輪、巴士、的士公司營運，又批出「建造、營運、轉移」合約，讓私營公司建造過海隧道，逐漸形成「大市場、小政府」的政策。由於市場完全依賴顧客得以營利，因此政府的所有規劃都會有公眾諮詢的環節，讓投資者和用家有機會提出意見，

確保設施能符合用家期望和經營者可有利可圖。

交通運輸的所有政策和規劃都有公眾諮詢期，亦在代表商界、專業人士和民間舉行諮詢會，也讓各個相關諮詢委員會及各級議會討論，讓這些意見進入制定政策過程，得到充份考慮。政府當然不可能完全接納所有意見，尤其是相反和政策不一致的意見，但政府已可制定各種應對方案，回應不同意見。

港府曾有一次在制定運輸政策時，不進行公眾諮詢而搞出禍來。事緣在 1979 年第一次運輸政策白皮書以後的兩年，運輸司施恪根據政策要壓抑的士的數量和使用，控制市區交通擠塞。1981 年在沒有諮詢公眾 (尤其是的士業界) 下，突然宣布大幅增加的士車輛的首次登記稅和牌費，導致全港的士罷駛和引發騷亂，最終立法局否決這加費加稅的議案，施恪亦去職[24]。

成功的元素

香港高效的交通運輸系統成功的要素是：

1、以用家為主的思維，從規劃開始就仔細研究客運或貨運用家的習慣、需求和期望，不單看客觀的數據，還積極吸納用家意見。運輸系統的設計和擴展都以滿足用家的需求和期望為目標。

---

[24] 詳情可參考 2019 年熊永達、劉國偉合著的《獵夢香港：的士業的傳承》，商務印書館出版。

2、強力支持多元化公共交通的發展，包括調動私營機構的積極進取的動力，在公共交通營運商提供公眾可接受的服務的前題下，提供有利的營運環境，保障其盈利以保持他們的動力。

3、採用有效的管控措施，壓抑胡亂使用有限道路空間的車輛，尤其是非法佔用路面的車輛，讓最有需要的車輛(尤其是公共交通工具)有優先使用權。

中環至半山自動扶手行人系統在1993年落成啟用，一度被審計署批評嚴重超支和沒有達到舒緩半山交通擠塞的指標。

二、車流人流

2.1 路政署前助理署長曾景文談管人流車流

2021年在香港大學的咖啡店與曾景文先生對談，他早已退休。曾先生在1985年入職運輸署，工作超過三十年，曾經短暫調往渠務署及路政署，2012年離開政府前，官至助理署長，長時間負責行人和電子道路收費項目，對於行人友善和管控交通的政策，曾先生應該是運輸署中最掌握政策的一位官員，對於行人項目由孕育、詳細設計及落實有深刻的體驗。由於他是少有熟識落實這些項目的人才，運輸署遇上相關問題，都會召他歸隊，好幾年他都是退而不休，指導後輩。

半山自動行人電梯

1993年，從中環至半山自動扶手行人系統啟用，成為行人設施的楷模，許多人都來觀摩，讚嘆運輸署的創意。這電梯系統從提出時，理念就清楚明確是一種垂直式的公共交通工具，連接山上山下，人可選擇不開車或不乘車，來往山上山下，減低道路擠塞。這行人電梯更連接中環行人天橋系統，完善了在繁忙中區的獨立的行人網絡。八十年代香港經濟起飛，中環核心區人車爭路，導致不斷惡化的交通擠塞和意外，為管控這惡化情況，發展了這一套架空行人網絡系統，的確是創舉。

不過，這成功的行人系統卻沒有擴展到其他區域，曾景文認為有多個原因：「首先，中環至半山行人系統並沒有帶來預期的減少車輛擠塞的效果，尤其是沒有減少私家車車流，引來審計署負面批評，拖慢了類似項目的推展。其次，這些項目初期遇上許多技術困難，尤其是香港的道路大部份比較窄，工程會影響鄰近的民居，難度高。其實運輸署一直有研究多個類似項目，雖然規模沒有中環半山扶手電梯那麼大，但確是未有停止尋找機會。據我記憶，運輸署每年都有十多二十個項目建議，可惜不一定可以落實。我在路政署期間，都有嘗試落實興建行人設施，例如窩打老道山垂直式行人系統。我們當時選了運輸署交來的十個行人工程項目進行詳細研究，都是上山落山的行人系統，包括寶馬山、葵涌項目，我都親自去勘察過，我感覺市民都接受。不過，這些工程不容易，有技術難度。路政署設立了兩個工程組，專門負責這些項目。」

對於審計署對扶手電梯的負評，曾景文有點無奈，「因為半山有許多壓抑的私家車需求，當道路稍為暢通，壓抑了的需求就會釋放出來，佔據路面，因此很難看到減少了私家車。而當時的衡量的指標只看車輛數目，解決交通擠塞為指標，沒有把行人流量作為明確指標。亦由於這原因，很難向政府申請撥款以提供方便行人的設施。但政府一直以公交為主，以鐵路為骨幹，人都要行，在未有明確的政策目標下，亦難避要提供安全行人設施，直至2017年的特首施政報告提出宜居城市

的概念[25]，提供行人友善環境，才正式把行人的考量明確定為衡功量值的指標」。

落實行人措施 - 難、難、難

運輸署一直都有考慮行人的概念，曾景文記得從80年代他入職以來，就有推動行人設施的項目，但大部份都是細小項目。而當時的考慮是以交通流動為主，項目的目標是整頓車輛交通 (traffic calming)，包括減慢行車速度及以防車輛橫衝直撞，以提供安全行人環境。當時，就算是減慢車速的項目都受都很大阻力，公眾認為在塞車的情況下還要減速，會導致塞車更嚴重。他淡淡的說：「設計這些行人友善的項目很簡單，並不複雜，我大部份的精力和時間是去說服街坊，尤其是店主接受這些項目。他們都質疑這些項目的好處。當時好多商戶反對，又有些項目影響車場出入口，招致反對。有時也有包括小巴等業界反對。我當時希望做一些比較美觀的項目，成為楷模。但事與願違」。

曾景文對曾經落力但不那麼成功的經驗有點無奈：「1989年有一個東區交通研究，其中有建議一些行人設施，我想推。不過大部份都不能成功落實，唯一可以做得到的是杏花邨一個細小項目，在一條大直路加了一些擺設，令車輛減速，提升行人安全。」他也曾經推動過旺角行人專用區，這個專用區從2000開始啟用，到2018年全面關閉，他

---

[25] 2017年施政報告提出宜居城市---提供行人友善環境，在220段是這樣寫的：

"220. 政府將繼續推展「香港好・易行」，鼓勵市民「安步當車」，減少短途汽車運用，以改善交通擠塞和空氣質素，並配合香港建設成為「易行城市」。「香港好・易行」將提供清晰方便的步行資訊、完善步行網絡、締造舒適寫意及安全高質的步行環境，包括逐步在各區合適的行人通道加設上蓋、在明年內選定兩個地區研究試行創新及舒適的步行環境，以及在今年年底展開研究以檢討和改善有關上坡地區自動扶梯連接系統和升降機系統項目建議的評審機制等。"

感到可惜。他不忿的說：「這是管理問題，運輸署做完行人專用區後沒有管理權，靠其他部門管理，就出問題了。中環半山扶手電梯有承辦商管理就好了，但道路就沒有這種安排，可以找人管理。若果能夠解決這管理問題會是繼續推動行人專用區的一條出路。」

中環半山自動行人扶梯能成功的關鍵因素是半山塞車，由於塞車，政府限制半山發展密度，若不能解決塞車，半山就不能重建和發展。由於涉及相當龐大的利益，工程項目的內部回報率會高，讓半山扶梯項目能排名較高，可以得到撥款進行。其他區都可能沒有這因素，當計算項目的內部回報率時，往往不及其他競爭的項目。審視回報率是當時政府選取項目的方法，除非政府另外有一些凌駕的政策，否則所有項目只能跟機制排隊。

行人政策的轉捩點

曾景文在運輸署工作多年，感到最着緊推動行人設施的是霍文署長[26]。約2000年左右，霍文署長利用一個機會，即當時鐵路工程比較少，他把原本負責鐵路工程的總工程師職位，短暫改為負責行人設施。曾先生就擔當了這職務約一年。其實無論怎樣側重行人的考量，運輸署都不可能單單考慮行人的需要，而完全不顧行車的需要。當時考量在運輸署總部設立這職位的原因是要協助進動行人專用區。行人專用區的

---

[26] 霍文於1998年至2005年任運輸署署長

概念還新，涉及的問題比較複雜，要遊說許多持份者，特別是受影響的商戶。這些持份者往往埋怨道路已塞車，還要封路讓給行人，曾景文說：「我們要花大部份精力和時間去和這些人溝通，向他們解釋負面影響少而好處多。而單靠地區的工程隊伍會十分吃力，他們本身有許多日常事務要處理，很難集中時間和精力去推動設立行人專用區。當我們協助說服了持份者，地區的團隊就比較容易做了。」。曾景文清楚記得他負責推動許多行人專用區的項目，包括旺角、銅鑼灣和佐敦等。落實這些項目還需要其他政府部門的協助，有時路政署也要時間安排，所以往往花很長時間才可完成一個小項目。

提供行人友善環境成為重點工作之一

提供行人友善設施日積月累，大概 2010 年左右，運輸署有共識，全港各區都應有改善行人上落山系統的項目。當每個區都提出這些工程項目，署方就要制定甄選工程項目撥款的準則，排先後次序，於是找了顧問公司研究評審準則，並作出建議。同期，亦有研究一些比較大規模的行人網絡項目，例如銅鑼灣項目。隨着需要審理各區的項目建議，運輸署總部設立了一隊工程組，由一位高級工程師領導，負責按評分準則評審登山行人系統，安排這些項目依次申請撥款。曾景文說：「2010 年的評審準則經過一段時間實施發覺有些不合時宜，尤其是計算價錢方面失準，計分不合理，現在都修正了。」。他認為行人政策

最關鍵的提升是在 2017 年；特首宣布建設宜居城市，提供行人友善環境。按此，改善行人設施成為運輸署重點工作之一，「署方增設了一組工程人員，由一位總工程師領導，工程組有四位高級工程師，專門負責「好易行」(walkability) 的項目，包括行人網絡『行得通』，行人安全『行得妥』，行人環境『行得爽』和行人資訊『行得醒』四方面的工作。」至 2019 年底，根據運房局及運輸署提交立法會的文件 (立法會 CB(4)105/19-20(01) 號文件)，政府共收到 114 項上坡地區自動扶梯連接系統和升降機系統，18 項正在推行，這確是令人鼓舞的進展。

在曾景文的印象中，這個「好易行」的概念應該是源自運輸署本身，根據多年的經驗總結出來的。當特首決定推動宜居城市時，特首會諮詢各部門支援實踐這概念，署方是利用了這大好時機，把多年來的行人工作向前推。

行人設施的前景

曾景文認為設計行人設施的概念不可能和道路一樣，不可能設計長長跨區的行人走廊，例如由堅尼地城走到西灣河。步行作為一種交通模式，只會接駁公共交通，行最後一公里 (last mile) 為設計考慮。目前有兩個主導的設計概念，即連接一點到另一點 (link) 及在一個小區內的步行區 (place)。工程師都要以行人路 3.5 米寬度為設計基準，若增加美化的位置，例如植樹，在香港這人口密度高的城市，有時都無法

達到這基準要求。在香港建造大型的行人網絡掣肘很大。架空或地下系統不單工程難度高，人也不一定願意行走，尤其是單獨的一條行人天橋或一條行人隧道，一定不行。中環的架空行人系統和尖沙咀的地下行人網絡都能連接一些商舖和商廈，管理、照明和保安問題都可解決，其他地區很難有這些條件。曾景文認為最有可能和應該做的是規限車流，讓行人在地面上可以行得通、妥、爽和醒；「譬如怡和街不讓車輛上落，出面有告士打道和其他道路，車輛為何要行怡和街？我傾向做交通管制措施，減低車流以配合人流，但區的工程團隊害怕阻力大…」。

最後，曾景文更語重深長的說：「香港要全面做好行人環境，應該效法倫敦制定一個長遠的整體藍圖，還要有一個有魄力的政治領袖，在政策層面全力推動。單靠執行部門去推動，是力不從心，部門也不會冒險，挑起責任去推新的概念和措施，出了甚麼問題會好大鑊！記得我當年提出過隧道行車時間資訊系統，給上頭審了三個月，得唔得？惦唔惦？要自己拍心口，才可以成為項目。好難啊！」

電子道路收費

談到交通需求管理措施，最多人關注的一定是電子道路收費計劃，政府自從1983年提出以來，來回幾趟，推出諮詢，許多人反對，又諮詢，

電子道路收費1983年率先在香港試驗，但就在新加坡率先實施，2022年香港還在試驗階段。

又反對，但一直沒有放棄。最近還是為中環核心區推動電子道路收費計劃做諮詢，運輸署是如何考慮的呢？為何這麼堅持？

在曾景文的記憶中，1983年運輸司施恪曾大力推動，不成功。到1994年，交通擠塞又趨嚴重，政府做了研究，詳列許多應對的方法。1995年的諮詢反映最多市民接受的方法就是電子道路收費，加稅都很多人反對。最近一次(即第三次)是2014年交諮會香港道路擠塞問題的研究報告的諮詢，民意的結果一樣，較多人贊成電子道路收費。每次諮詢有一定規律，這和外國一樣，在概念階段時，有約多於一半人贊成，到出詳細收費計劃時，民意就轉，會有多於一半人反對，約六至七成人反對。人人都睇住自己利益，道路收費也會影響個人的權利，尤其是有車位的業主，區議員代表地區利益，比較難於平衡。不過，每次最後叫停，都有特殊原因。

失敗是時機不合

第一次在85年左右叫停，當時79-80年塞車，在82-83年進行了一系列舒緩工作，包括大幅加私家車首次登記稅和牌費，加上東區走廊及地鐵線陸續落成通車，這些措施都有效減少車輛增長，而增加道路及地鐵服務，舒緩了擠塞，令電子道路收費就沒有了迫切性。2000年發生金融風暴，車流大幅下跌，擠塞問題不再嚴重。但這次失敗的最終原因應該是政府推動政策需時，往往落後於時勢。政府由推動研究，

然後諮詢，往往要五至六年時間，經濟的周期已過。到政府準備好，塞車已不再。最近這次到2019年出詳細收費計劃進行諮詢，除了新冠疫情的因素外，有人破壞九龍灣的智能燈柱，這破壞事件震驚運輸署的團隊，有份參與推動這些電子道路收費的曾景文估計：「這些智慧燈柱都唔得，電子道路收費更無可能，令計劃難於繼續推行。今次叫停，可能是市民對政府的信任度低，而政府也不會在現階段優先推行這項工作，相信要等下一個時機才會推。」

推行道路收費要有政治決心

對於今次重推道路收費計劃，曾景文理解政府高層的指示：「好清晰，是如何做，而不是做不做，亦因此我願意參與幫忙。」，這顯示政府是有決心推行的。不過，最終都要看時勢，現在時不與我，曾景文十分無奈。

其實，有些反對電子道路收費是不滿許多老細車違泊導致擠塞，中環比其他地方都更嚴重。曾景文即時回應：「當我處理中環擠塞時，我曾建議將中環塞車路段全部劃為不准上落的禁區，開放政府的車場讓車輛免費上落，十五至二十分鐘。當時有人反對，認為管得太嚴。但我認為政府免費在自己的車場提供上落客位很合理，政府在中環有幾個停車場，每個車場提供十個八個位就夠了。落車後走幾分鐘路到他們要去的地方是很合理的。」

要推行電子道路收費，一定要平衡地區利益，如英國就不會影響收費區內的居民，收費主要影響外來人，在收費區內的居民只收十分之一的收費。曾景文說：「瑞典透過公投，主要贊成的是在收費區內的居民，他們不受收費影響，反而因減少車流是受益。瑞典更因當時執政黨要拉攏綠黨才可繼續執政，就決定跟從綠黨的建議，公投表決道路收費，其實是一次政治交易。政府的決心很重要，又如荷蘭都考慮了很長時間推行道路收費，曼徹斯特，愛丁堡等都進行公投，都輸了。香港要做真的好難，必須要高層肯推。在 2000 年那次，我有份在立法會推，泛民是贊同的，是建制反對，若當時上頭有人箍票，就贏啦，但當時局長吳榮奎唔想推，就無法了。可能他不想得失建制派，影響選情，那我數一下票，數完就知會輸，就費事去啦。」

「最近這次在中西區推，當時區議會泛民的影響力大，我一直認為政府高層要有一個政治決心，要肯去箍票。純粹依靠我們這些工程人員去遊說，搞唔惦，唔駛諗。今次連「汽車會」都出面支持我們，很難得。我們還得到商會支持。這些團體過往一直反對，今次就支持。今次是區議會得不到足夠支持，若果上頭搞惦建制派，是可以通過的。泛民的區議員和民主派中央的領導不一樣，他們代表地區利益較多。而當時相關的立法會議員莫乃光和易志明都贊成，今次搞不成又是十分可惜。」

前路

曾景文估計若再有適當時機，運輸署還是會重新推動電子道路收費。署方沒有理由完全取消這措施，大家都認為它是一項有效應對交通擠塞的方法。其實，每次叫停之後都有後路，2000 年那次就決定若果汽車的每年增長量超出百份之三就有必要啟動道路收費。2009 年又決定若中環灣仔繞道通車時可推出道路收費。今次叫停了，還未決定下一次的啟動方法，可能都是當擠車重現，又會再進行研究，人們可能依然認為道路收費還是最好的方案。

行人友善方案也好，交通需求規管也好，曾景文感到欣慰的是，經過多年，人們從一提出就反對到現在有得傾，已經是成功。他始終希望有一個行人和車輛分享道路使用的模範，如士丹利街，將它美化，必需要有管理，人人樂於享用。他相信只要有人推動是可行的，那怕是小小一條街，搞好了，就可以讓其他地方參考。

2.2　人車爭路

香港地少人多，尤其在鬧市人多車多，爭路是香港街景特色，亦是矛盾所在。

司機響鈴嚇行人，行人破口大罵回應，街舖店主擺放雜物作路霸，是常見的街景。鬧市的橫街窄巷滿是地下舖、樓上舖、街邊舖、偶爾出現街頭小販、流動表演者⋯，人群聚集，平添活色生香。塞車塞人、喧嘩嘈雜讓人煩躁不安，躁動者投訴政府無德無能，放之任之，迫得官府不得不面對。

按「本子」辦事

官就只會按「本子」辦事，「本子」(即道路設計指引)往往只要求提高車流效率，即限制行人讓車輛先行。「本子」沒有給官員有彈性，可因地制宜，讓人車和諧共處。2021年官員在銅鑼灣恩平道一帶橫街窄巷更改交通管理措施，引起很大爭端[27]，就很能說明這困境。

銅鑼灣是港島甚或全港最旺的購物區，尤其是地鐵站附近，行人肩摩踵接，密度是每平方米達六個人。恩平道位處地鐵站進出口，附近幾條街店舖林立，包括著名的女人街渣甸坊，又有小巴總站。粗略估計，恩平道附近幾條街，每小時行人流量以千計。而接載着有錢人的房車

---

[27] 白沙道擬恢復行車 地區人士憂更擠塞 | 星島日報 (stheadline.com)；銅鑼灣居民反對改劃行人專區 - 信報網站 hkej.com；利園山道倡撤行人區 街坊民調：逾六成反對 - 20210313 - 港聞 - 每日明報 - 明報新聞網 (mingpao.com)

油麻地舊區人車爭路情況比比皆是

銅鑼灣人多車多

進入這些橫街窄巷，與行人爭路，隨意上落，釀成擠塞、廢氣、噪音和意外。狹窄的道路更狹窄，擠塞更擠塞，狂野司機猛力撳鈴，喧嘩嘈雜，行人商鋪都燥動不安，摩擦時有發生，鬧得不可開交。

運輸署為要管控這鬧市中橫街窄巷的車流人流，在 2020 年 10 月提出「改善」建議[28]，精髓在於規範行人，收窄行人路，擴濶打通可行車的橫街，讓更多車輛可穿越這些窄巷，流向大街，即由恩平道進入的車輛可以快一點通往波斯富街和軒尼詩道。行人則要集中在一條主要走廊，來回購物地點(渣甸坊和時代廣場)。

運輸署負責官員完全是按本子工作，在冷冷的條條框框規章下，官員提議加快車流，表現可算稱職。但官員大概不理解人流是不會按官員的意願走到一條大路上，人還是會我行我素，各自精彩。而司機更不會按官員的意願不停留上落客，還是依然故我，想停就停，上落客貨，更不會直行直過，加快流動。

人和車的行為難受控

運輸署官員要擴濶恩平道，由一條增至兩條行車線，打通兩條橫街(蘭芳道和白沙道)，讓車輛穿過，出波斯富街和軒尼詩道。可預視結果是：車輛霸佔更多路面，逼迫更多行人走在行車道上，令行人更兇更險，糾紛更多，甚或意外更多；在車流和人流最多的交接點（利園山

---

[28] https://www.districtcouncils.gov.hk/wc/doc/2020_2023/tc/committee_meetings_doc/DPTC/20496/6th_wc_dptc_2021_007_c_Supplementary_Info_TD.pdf

中環架空行人天橋系統，把人車分隔，許多國際城市仿效。

全天候的行人系統，無論打風落雨行人都可使用

道和啟超道交界）情況更混亂；行車道濶了，司機往往以為可優先使用道路，與行人爭執更多，出事必然更多。而司機多了路面，違例泊車等客或上落貨的情況更嚴重。

以人為本的思維是正道

運輸署官員的確要走出按本子辦事的思維，去處理鬧市橫街窄巷的人流車流，首先弄清楚管控措施是為大多數人或是為少數人服務。官員對進入這個區購物和消閑的人，無論乘坐公共交通工具或私家車，是否都應該一視同仁受到平等的對待？銅鑼灣這些橫街窄巷，最多每平方米可容納六個行人，私家車一人可霸佔四平方米以上，又造成空氣污染及交通意外，是否平等？數目說明一切。

旺市中橫街窄巷的行人路根本容納不了上千人流，人是不會排着隊，一個接一個走在狹窄的行人道上。人只會按自由意志，散落有明顯空間的行車道上。人被迫違規走在行車道上，冒被車撞倒的風險，結果是積民怨。車輛司機也為爭自己最大權益而行，都按自由意志，想停要走，若做成阻塞，司機當然不會認為是自己的問題，一定認為是他方(即受阻的一方)的問題!官員要處理這民怨，是否應該秉持公道，為大多數人着想，打擊佔用大路面的車霸，禁止車輛進入，而不是限制和阻止行人使用路面？

旺市中的橫街窄巷又不可能不讓車輛進入，例如接載傷殘人士、運送貨物、消防、救護、小巴、的士和居民的車輛不可能不得進入，它們都為小區提供必要和緊急服務。運輸署官員一定會想到管理路少車多的措施，如限制閒雜車輛進入小區。

旺市中的橫街窄巷當然不可能如大街大道，擴濶又擴濶，容納無盡車流的需求，讓司機開心。擴濶了旺市中橫街窄巷的行車道只會讓更多車進入，釀成更多衝突、意外、違泊、擠塞、污煙障氣、噪音⋯，正是「亞蘭嫁亞瑞、累鬥累」，塞車只會越塞，行人只會承受更大風險，投訴只會加劇，運輸署官員只會更頭痛！

以人為本方是官員�持的最終準則，按本子辦事是能保住烏紗，若官員多行一步，多了解問題和民情，問題才可有效解決。

2.3 管控塞車新思維

塞車是城市交通的死敵,必除之而後快。可是塞車只能遏止一時,不能永久鏟除。

道路擠塞不單苦了私家車,連帶營業車、公交車、救護車、消防車、警車都受苦,即全部每天走在路上的上百萬人都損失時間,時間就是金錢,社交、娛樂、享受、以至生命。

遏止塞車首先得明白其因由,簡言之,是道路容量不足應付車流。那麼,遏塞車就只有兩種策略:一是增加道路容量,二是限制車流,管控車輛進入繁忙路段,防止造成塞車。

鍥而不捨遏塞車

港府自1979年發表第一份運輸政策白皮書已有論及塞車。白皮書提出增建道路、增加車輛稅項、包括牌費和油稅,又指出若果塞車至不可接受的程度,就無可避免採取措施,限制私家車和電單車使用路面。當局認為能精準打擊塞車的措施首選是電子道路收費。1990年1月運輸科出版《邁向21世紀:香港運輸政策白皮書》更進一步指出若果車輛數量的年增長幅度超過3%,就要推行電子道路收費。

全球許多大城市都無可避免地採用電子道路收費遏止塞車。港府曾經

領先全球；1983年就推出試驗計劃，但因保護私隱得不到市民支持而告終。1997年再試，但因時任運輸局局長吳榮奎個人反對，政府自行剎停。2006年在中環灣仔又重推，但由於社會無共識和經濟下滑，以不合時機為由而告終。2015年中環灣仔繞道快將通車，按繞道交通專家組的建議，展開「電子道路先導計劃」研究，至2022年研究還在進行。多年來，政府一而再、再而三，面對市民和個別局長反對，也從來沒有放棄推行電子道路收費，認為它針對私家車使用路面是更精準遏制塞車，避免不停加稅。

加稅遏塞車情有獨鍾

從2010至2020的車輛增長率(見圖一)再觸動運房局的神經。十年有八年都超警界線3%(1990年《邁向21世紀：香港運輸政策白皮書》訂明當汽車增長量超3%，就必須推行壓抑需求政策)，運房局局長陳帆並沒有按白皮書建議，加快推行電子道路收費，針對繁忙路段遏塞車，而是又一次提出加車輛稅。

陳帆局長在2021年6月2日立法會動議「2021年收入（汽車首次登記稅及牌照費）條例草案」[29]加車輛稅和牌費，他說私家車過去十年增加38%，對路面交通構成沉重壓力，影響經濟及空氣質素，必須壓抑。他更指出過往經驗證明，財政措施有效遏止私家車增長。

---

[29] https://www.thb.gov.hk/tc/legislative/transport/bills/2021/20210602d.html

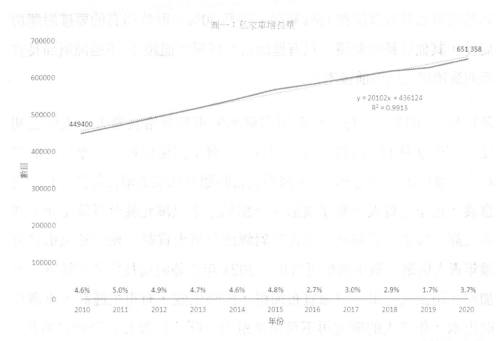

圖一：私家車增長量

資料來源：運輸署

運輸及房屋局長陳帆講述的過往經驗，應該是2011年加首次登記稅，同樣是15%，私家車增長在2012年下跌了1.3%。而私家車牌費在1991年調整，但政府並沒有透露有何影響，顯然影響甚微。看來加稅遏車輛增長效果短暫，對舒緩塞車作用甚微，令市民懷疑加稅遏塞車可能純為增加庫房收入。

加稅遏塞車為庫房

2021年度的財政預算案中，運房局是唯一的政策局，能把政策落實，

向私家車加首次登記稅15%和每年牌費30%。財政司真的要感謝運房局長，其他局長都要錢，只有運房局長可幫忙搵錢！不過陳帆局長宣示的政策讓人感到前後不一。

陳帆局長2017年上任，早就留意到私家車數量增長驚人，上任之初(2017年10月17日)曾戲言，年青人「買不到樓便買車，讓自己的靈魂從軀體中出來遊走一吓」。似乎他當時認為私家車增長對社會有正面意義，他是老實人，說了實話。一部私家車以萬元甚至百萬元計，許多人靠它維生，賣買私家車當然對經濟有莫大貢獻，使用私家車又可讓年青人快樂，買不到樓可買車。2021年的陳帆局長換了個腦袋，要加稅，阻止人買車。財爺宣布加稅，即時生效，有車主撻訂，車商見財化水，年青人的靈魂再不可出來遊走一吓！陳局長打倒昨日的我，必然有凌駕性理由才能說服自己。

陳帆局長建議加稅只限於私家車，其他車輛不受影響。似乎他權衡輕重，認為向其他車輛加稅對經濟民生影響大，相信私家車是奢侈品，用來兜風，是個人享受，對整體經濟貢獻最少，實質上增加私家車稅等同收奢侈品稅。誠言，加車輛稅遏塞車是應該向所有車入手，因為每輛車都會造成擠塞，無一例外。

全面遏塞車方為正路

陳帆局長在加車稅條例發言時也說明，局方正展開研究舒援塞車的方

法，還成立了國際專家委員會審理。按常理，局方應該尊重專家委員會，等報告完成後，討論及接納可取的建議，一次過推出有針對性打擊塞車的措施，方為正路。只針對私家車而加稅，是急不及待，令人感覺政策不夠穩妥。

塞車令人憎惡，必須快、狠、準嚴厲打擊。政府想市民所想，急市民所急，推出政策回應，市民應懷感激，報以掌聲，不過，許多市民並不領情，因為以加稅打擊塞車，措施快和狠，但不夠精準，殃及大量池魚，尤其比較窮的車主，當然包括陳局長口中的年青人，加牌費如同百上加斤，加深他們對政府的怨憤。

塞車的確不一定全港每個角落、每日任何時段、或全年365日都發生。在繁忙鬧市，塞車往往是違例泊車，霸佔行車線所致。權貴可能每天都乘坐老闆車，進入繁忙地區，要求司機停泊等候、違泊、佔據路面，甚至佔兩至三條行車線，導致塞車。加稅令住在大嶼山、沙頭角、天水圍等沒有做成塞車的車主都要付重稅，公道嗎？

陳帆局長理應回歸初心，讓年青人的靈魂從軀體中出來遊走一吓，快、狠、準打擊塞車，而不是讓政策變形走樣，打擊一大片，成效則連事倍功半都沒有，更加深民怨，政府應走出加稅遏塞車的固有思維，採用精準(即在繁忙地區和時間)打擊塞車的新思維，以舒解民怨。

2.4 管控人流新思維

人人都是行人

人車爭路從有車行走的一天起就天天出現，結果必然是行人讓路。若行人不讓路，最有可能就是受傷被送入醫院，輕則經醫治出院，重則永別人間。駕駛者有強烈的觀感，認為道路是為車而建的，是汽車專用的，行人應該見到有車就迴避。但駕駛者的心態是會變的，而且反反覆覆的變；當駕駛者要下車步行時，他/她就是行人，當要和車輛爭路時，都會破口大罵！人人都是行人，政府理所當然要照顧，但事實卻不然。

究竟行人可否有貫通的通道，甚或無障礙通道，可以隨心所慾的行？這似乎是一種理想。

行人一肚氣

駕駛者認為道路是他們出錢建的，他們對經濟有貢獻，買車用車都花錢，而且交稅多一點，每年又要交牌費、油稅及交道路(橋及隧道)收費等。行人不一定對經濟有明顯貢獻，因為走路不會花錢。行人是不需要交道路使用費的。駕駛者強烈認為交了錢當然有更大權使用道路！

行人橫過或走在行車道上，經常被駕駛者指罵，走在行人道上都有摩擦。行人道有不少違泊車輛、上貨落貨、燈柱、栓在燈柱的單車雜物、電箱、紅綠燈控制箱、舖前的非法擺賣等等；還有電話公司、電訊公司、煤氣公司、電燈公司等不時舖設或維修設施，行人被趕出行人道，行出行車道，有時要橫過馬路走到對面行人道。

行人的確一肚氣，尤其在鬧市，左閃右避，行快不行，行慢也不行，只能小心翼翼，跟隨人潮而行。

付出傷亡代價

行人得爭取當局同等關顧，代價總要流血汗，就要以傷亡做代價。

自從大約 1905 年香港有機動汽車在馬路行走，就有行人被車撞到傷亡。香港過往十年(2009-2018 年)行人傷亡數字約每年 3500 人(平均年交通意外傷亡約 20000 人)，其中每年約有 60 多人被車撞到死亡[30]。當局對行人設施的關注是被動的，要有行人傷亡時，警方和運輸署才會對這些個別地點展開研究，若有需要會加裝行人過路線、班馬線、過路燈、欄杆等等改善，以防意外再發生。

政府對應否讓行人有優先權過路，還是反反覆覆的。因為行人優先過路，意味車輛要讓路給行人，駕駛者投訴造成延誤塞車。結果，政府

---

[30] 政府統計署 2020 年 2 月《2009 年至 2018 年香港道路交通意外統計》

近年大幅廢止班馬線，用紅綠燈取代。行人不是安全了，卻肯定是慢了。紅綠燈會讓車輛優先，分配多些時間，行人就要站在路旁等。

行人傷亡不單由於人車爭路所致，也有可能是因為人太多，出現人踏人，1992年12月31日，許多人湧到蘭桂坊歡送一年將盡，迎接新年，有人噴霧雪花，玩人浪，有人滑倒，骨牌倒下，導致人踏人慘劇，21人死亡，數十人受傷。經歷這血的教訓後，當局在以後所有大型活動或人流多的地點都實施人潮管制。地下鐵更是第一個實施人潮規劃、監察和管制的營運商。地鐵每天人流以百萬計，從未發生行人傷亡的慘劇，應是汲取了教訓，認真應對。

行人傷亡會導致即時混亂，癱瘓道路，鐵路或出事場地的運作，導致更大的負面影響，包括經濟和聲譽的破損，當局當然要設法避免慘劇重演。

管控行人的爭議

行人的規劃和管理相當頭痛，讓行人走路安全，尤其是可安心漫步購物，欣賞街景，劃定行人專區或行人街是最常用的方法。不過，2018年8月旺角西洋菜街行人專用區關閉，引起很大爭議。

這行人區從2000年開始，把平日人車爭路的購物街讓給行人享用。小

販、街頭賣藝賣唱的人、政治人、各式其式，叫賣、唱歌、跳舞、演講、雜耍、西洋菜街變成一個大樂園，散發無比活力。人聲鼎沸加上時有爭位擺檔，沿街店鋪及樓上住戶不勝其煩擾，投訴議員及官府。2014年，在議員和官府合力下，行人專用區開放時間收窄至星期六和假日一段短時間。2018年，最終還是逃不過封閉的命運。

旺角行人街造就了街頭文化和街頭藝人，如「旺角羅文」、「旺角John Lennon」、「香港狼人」、Wally、Pedro等等，有本土、也有「鬼佬」。這些「巨星」，各有「粉絲」，失去了旺市的聚腳點，感到無比失落和唏噓。

旺角行人專區的失敗窒息了行人專區的發展，叫停了釋放道路做公共空間的勢頭。倡議街道文化的民間組織紛紛要求當局檢討，認為只要加強管理，可重設行人專用區。民間智囊組織「思匯」在2021年4月26日發表了一份《動感街道管理：香港街頭表演政策》的報告[31]，建議訂立街頭活動表演條例，規管街頭表演活動，並讓非牟利團體參與管理，制定自願守則。

行人規劃和管理失效導致行人區挫敗，市民損失了發揮創意的空間，損失了生氣勃勃及可培育表演文化的註點，破損了官府聲稱致力建立的活力香港。民間團體着急，出謀獻計，倡議管控行人區的瑕疵，防治惡霸，減低聲浪。官方似乎是我行我素，你急我唔急，反正群眾聚

---

31 《動感街道管理（二）：香港街頭表演政策》- Civic Exchange (civic-exchange.org)

集是當前官府的禁忌。不過，港府最終還是要權衡如何建設自己聲稱的「活力香港」[32]、「可持續發展都會」[33]、和「宜居城市」[34]。

部門各自為政是行人管治失效主因

行人規劃和管理失效根本原因是政府部門各自為政，無劃一政策，無統籌部門，負責管控行人的衙門很多，各自謀求自己的衡功量值，不願為民眾福祉而多行一步。規劃署或運輸署負責規劃行人設施，食物環境衛生署、警務處、環保署負責管理，情況就如「三個和尚冇水食」，不是你推我讓，就是我做我的，你做你的，毫無協調，最終事事做不好，搞不成。

規劃署是理想主義者，她的使命是「使香港成為更美好的安居樂業的地方」，她負責制訂可持續發展策略和計劃[35]，當然為市民提供越多活動空間越好，鼓吹宜居城市，鼓勵街頭文化，但她無權無責落實概念，往往止於圖像美景。運輸署的使命是促進車流人流，不會容許街道阻礙人流車流的活動，甚至不會容忍阻礙視線的街頭擺置。所謂街頭藝術，只會令司機分神，增加交通意外！2017年特首施政報告交給運輸署的任務是打造「行得醒」、「行得通」、「行得爽」、「行得妥」的行人友善環境[36]。運輸署一貫的目標是要行人流動，提供快而準的資訊，有瓦遮頭而無障阻的走廊；自從2000年推動行人專用區計劃，包括銅鑼灣、中環、灣仔、旺角、尖沙咀、佐敦、深水埗、赤柱及

---

[32] 商經局局長：香港作為自由、開放和充滿活力城市的根基不變（附圖）(info.gov.hk)

[33] 行政長官2020年施政報告 - 施政報告 (policyaddress.gov.hk)

[34] 香港政府新聞網 - 推動經濟發展 建設宜居城市 (news.gov.hk)

[35] 規劃署 - 理想、使命及信念 (pland.gov.hk)

[36] 2017年施政報告 (policyaddress.gov.hk)

石湖墟[37]。不過，實施行人專用區的大前題是：不得造成嚴重交通問題。

運輸署比規劃署的權大一些，不會止於圖像，有權設定路標路牌，規範人流車流，人或車不跟指示會犯法。但犯法不一定被察覺，被檢控。運輸署也和規劃署一樣，無權無責去執法。執法就得勞駕警方、食環署和環保署的官員。這些衙門卻不會樂意調動自己的人手為他人作嫁衣裳。市民感覺不到有人執法，遑論協調行人專用區內的空間使用和活動。

最有權有責協調民眾活動的當然是每區的民政專員，不過在專員的衡功量值表上，好像沒有給這項工作打分。作為地區管理委員會主席的民政專員們，不見在銅鑼灣、中環、灣仔、旺角、尖沙咀、佐敦、深水埗、赤柱及石湖墟的行人專用區有任何角色。那麼，負責協調各衙門工作的最終話事人就是政務司長，政務司長當然認為這些是芝麻小事，他不會認為民生無小事，對旺角行人專用區封閉也好，開放也好，從來不聞不問，民眾就是沒有見過他的影踪。

有效統籌是關鍵

行人規劃和管理要能大幅改善，港府要能說到做到，不要讓市民失落政府承諾了的活力、宜居及可持續發展都會，港府必需改弦易轍，想

---

[37] 運輸署 - 行人專用區 (td.gov.hk)

市民所想，急市民所急，統領眾多衙門，提供一條龍服務，把行人規劃和管理一以貫之。香港不是完全沒有成功的例子，半山行人電梯就是由規劃到維修管理一個套餐，運作三十多年，從沒有發生不愉快事件。或許半行行人電梯並不是人人樂見的例子，有人認為管得太死，除了行路，甚麼都不准。不過，從開始規劃行人專用區或行人設施，政府必須統籌各部門，制定一籃子建造、管理和維修方案，並一以貫之，就是成功不可或缺的元素。

管控人流的新思維

顯然，當局管控人流首先着重行人安全；繼而讓人享用公共空間，但這還是停留在舊思維。若能進一步思考行人走路的積極作用，那更能讓城市交通受益，不單更有效率，亦更省能源及更環保。

走路是運輸模式

其實走路是運輸的一種模式，當汽車不能到達目的地的境況下，走路是最有效快捷的選項。事實上，無論鐵路、陸路、水路交通如何先進發達，起點終點還是要走路，人不能走路，會很悲哀。

走路在交通運輸系統中是必須的，但這個簡單不過的認知似乎未有在決策過程中體現。多年來政府有專責部門負責鐵路、道路或水道的規

劃、設計、建造、管理和維護，卻沒有專責部門照顧行人道。進行過三次的整體運輸研究是沒有行人路基建或擴建的欄目，反映多年來當局並不把行人路網絡視為經常要關注的項目，即沒有整體規劃的需要。

走路雖不被當局視為常規的運輸模式，但當交通擠塞難於舒緩時，當局還是會借助步行作為一種運輸模式去應對，換句話說，當局要看到塞車(社會的沉重代價)才思考走路的積極意義，讓權給行人，讓走路順暢點，快過行車，叫人選擇走路。1982年，政府展開中環半山交通研究，報告建讓建造共七條自動扶梯連接山上和山下，舒緩半山和中環之間的塞車情況。報告預期居民會在上下班繁忙時段利用扶梯而放棄開車。政府隨後決定先建造一條由干德道至中環街市的扶梯，若證實有舒緩交通擠塞的作用，再建其餘扶梯。這條先導扶梯於1993年落成，每天人流以萬計[38]，亦同時帶旺沿梯的店舖，物業升值。審計署為扶梯作了專題報告，狠批工程嚴重超支，而且不能有效舒緩半山和中環之間的交通擠塞，導致運輸署放棄建造餘下的六條扶梯。審計署當年並沒有考慮難以用金錢量化的因素，如壓抑車輛擁有量和使用量、減少行人傷亡、行人健康、對整體運輸系統的影響等。多年以後，當這條扶梯的界外效益逐漸浮現，更多地區要求規劃署和運輸署建造上山下山扶梯時，當局不得不重新審視審計署的結論，重新讓類似的扶梯上馬。

---

[38] 運輸署統計2021年每天約有78000人次使用扶手電梯

的而且確，規劃署由60年代成立以來，都會為人流作規劃，在中環地區，更把人流與車流分隔，減少人車爭路，把人升高一層，穿過樓宇建造一個架空行人系統。由於每一連接天橋涉及私人物業，要業主看到效益自願建造才可即時落實，否則要等物業重建，政府才可把有關要求放入重建的審批條款中。政府則在公共土地上建東西走向的主要架空行人通道，而隨着中環的重建，中環的架空行人系統漸漸成型。這系統有不同設計、樣式、用料及管理模式的行人連接天橋到不同的大廈，反映了業權的多樣化。

同是自60年代，地鐵建造時也把調控人流的概念溶入每一個站的設計中。無論地鐵或今天的港鐵都把鐵路站圓周500米範圍視作吸納乘客區，必須提供舒適的步行環境讓乘客進入鐵路站。香港發展鐵路的同時，在每個鐵路站都有吸管一樣的行人網絡，不自覺的把行人平權推上了新台階。

從點到線到網

行人路的改善以安全為起點，在發生行人傷亡地點逐點改善，但不一定方便行人，有時甚至用欄杆阻擋人流，人要繞路走，或要等待車流停止。等到車停了，人才可以過路，人不享優先。

待得鐵路要吸人流以增加生意；以及當局鼓吹人走路以舒緩塞車，行

人路的改善就落實到一條又一條的路線了。顯然，點和線的改善還是未能完全發揮步行作為運輸模式的功能。

工業革命以後，人類社會機械化，發展都依賴以道路和鐵路為骨幹的運輸模式，捨棄最原始的走路模式，走路沒有得到和機械運輸模式的同等待遇。香港也無例外，運輸研究都從來沒有把走路作為運輸模式加以擴展。直至可持續發展的概念滲透至各行各業，運輸業是被針對的主要行業；尤其是年青的一代嚴厲責難運輸用的燃料導致氣候轉變及空氣污染禍及全球，各國領袖在應對氣候轉變地球高峰會上承諾減排；要求運輸活動要達零排放。按此，除了轉用可再生能源取代氣油、柴油、天然氣和石油氣外，各國都大力鼓吹騎單車和走路的零排放模式，以減輕運輸能源壓力。

2017 年，香港特首的施政報告提出建設宜居城市的概念[39]，正式把行人的考量定為衡功量值的指標。2018 年運輸署於尖沙咀試行設置新的行人地圖及導向標示板，主要是讓遊客了解步行路線去目標地點，及後亦制定新行人導向標示系統。當局同時清理行人路上的障礙物及降低行車限速，讓走路更方便和安全。2020 年，運輸署制定了香港易行度整體策略，貫徹在運輸規劃中給予行人優先，締造行人友善環境及推動步行成為可持續的出行模式[40]。當局着手讓行人多的內街有優先權，擴闊行人道及限制車輛使用。亦將行人路分類別，即行人溜連店

---

[39] 2017 年施政報告提出宜居城市---提供行人友善環境，在 220 段是這樣寫的：

　　220. 政府將繼續推展「香港好・易行」，鼓勵市民「安步當車」，減少短途汽車運用，以改善交通擠塞和空氣質素，並配合香港建設成為「易行城市」。「香港好・易行」將提供清晰方便的步行資訊、完善步行網絡、締造舒適寫意及安全高質的步行環境，包括逐步在各區合適的行人通道加設上蓋、在明年內選定兩個地區研究試行創新及舒適的步行環境，以及在今年年底展開研究以檢討和改善有關上坡地區自動扶梯連接系統和升降機系統項目建議的評審機制等。

[40] 運輸署 - 香港好・易行 (td.gov.hk)

舖的「地方路」，及直行直過的「連繫路」，採用分層次的規劃、管理和維護。

政府把行人路分級規劃管理，大致上是與街道看齊。香港的街道分級由低到高有鄉郊、本區、跨區、主幹、高速和快速公路[41]。級別越高得到的資源越多，建設、管理和維護的標準越高；理由是級別越高對經濟的效益越大，必須優先處理。

政府把行人路有系統的分級是行人平權的重要一步，下一步當然是把走路納入正規運輸模式之一，與其他模式無縫接合，完善運輸系統；即把行人網絡納有總體運輸規劃研究中，和鐵路及道路一同處理。行人網絡或許不需要如行車路的高速及快速公路網，因為估計用的人不會多。但在讓行人溜連店舖的「地方路」，及直行直過的「連繫路」上，加多一級「跨區路」會是行人平權的一大創舉。行人「跨區路」就如中區的架空行人系統，由上環跨越到中環。若把這系統再向西區和東區擴展，就可以建成港島北岸人流密集的走廊，然後連接地區的「連繫路」，全港首個行人網絡就出現人前。這網絡亦會是示範單位，逐步擴展到九龍新界人流密集的地區。

[41] Transport Planning and Design Manual, Transport Department. 運輸署出版的運輸規劃和設計標準手則

三、公共交通

3.1 優質公共交通服務的藝術

提起香港交通運輸，最感自豪的是約90%上班上學市民乘坐公共交通，冠絕國際大城市。其次，公共交通不單不用政府補貼，更有利可圖，更是大城市的決策者難以想象、夢寐以求。

全球大城市都爭取市民坐公共交通，減少每人的能源消耗，減少每人的炭排放，達至控制全球氣溫度上升幅度，以應對氣候轉變。國際大城市能有超過50%行程乘坐公共交通已經是十分難得，通常要動用大量資金和用九牛二虎之力，才可以增加數個百份點的公共交通客量。歐美國家一般面積大，每個家庭都必須有一部車才可方便走動全國，當然國民亦十分重視私家車的私人空間，因此私家車的擁有量平均都達80%以上。利用私家車出行是常態，選用公共交通是特殊情況的選擇。歐美大城市如紐約、倫敦、巴黎等交通擠塞及泊車困難而昂貴，車主只好選用泊車轉乘或全程乘公共交通入城。政府也得大幅投資改善公共交通服務，提升公共交通(尤其是鐵路和巴士)的班次、可靠度、可達度、幅蓋面、舒適度等，還要控制票價在市民可接受水平。為進一步推動市民放棄駕駛，選用公共交通，政府紛紛採用擠塞收費措施，把徵費用於補貼改善公共交通服務。政府要大幅擴建市內鐵路網、購

多元又較便宜的公共交通服務令香港引以自豪，港鐵9卡列車在東鐵線行駛。

買列車和新巴士、研發和利用新科技，調控公共交通班次，提供實時公共交通資訊給乘客等等。這些資本投資根本無法從票價收益回本，政府需要直接購置公共交通資產或提供補貼，讓公共交通營運商有合理的利潤或可接受的投資風險提供服務。

香港能達到約90%人天天坐公共交通隱含許多成功因素，正是台上一份鐘、台下十年功。

有利的經營環境

客源充足是第一個有利公共交通的因素，無論巴士或鐵路，都是載客量大，而載客越多，每人減排減炭的效益越高，營運商收入越高，越有能力維持或提升服務。香港的客量高，有歷史和規劃的原因。香港人口激增是在1949年以後，大部份人都從大陸過來，而絕大部份都是篳路籃褸，無能力擁有私家車，要依賴公共代步，成為公共交通營運商的必然顧客(captive rider)。事實上，不論中外，公共交通乘客主要是低收入的人。香港開埠以來，一直都是一個商埠，早期的主要工作集中在碼頭和鄰近地區。人口亦集中在這些地區，形成公共交通客不但多而且集中，在港島更是集中在北岸的一條線上。

港府從六十年代開始，開展大規模建公屋，同時清理市區內的山邊木屋，讓低收入家庭可以有瓦遮頭。而公屋則主要是沿者鐵路線興建，

屯門、元朗、天水圍新市鎮的輕便鐵路

讓居民可坐鐵路返工返學，有利於鐵路和接駁巴士及小巴營運。港府亦逐步形成土地使用和運輸規劃同步進行的做法，確保採用公共交通主導的發展。

港府同時採取政策，調控惡性競爭，即浪費社會資源的競爭(wasteful competition)，避免公共交通載客不足，導致每個乘客耗用燃油大、佔用路面多、排放廢氣亦多，最終當然亦會令公共交通經營虧蝕，沒有資源提升服務。港府採取專營制度，只容許投得專營權的巴士或小巴營運商行走指定路線，同時嚴厲打擊非法競爭者。

讓鐵路公司、電車公司、巴士公司、小巴以至的士有利可圖是重要的，只有如此，營運商才有動力提供規定的服務水平，才有資源進一步投資，改善服務，提升安全，以致符合不斷收緊的環保標準。政府容許香港鐵路公司採用可加可減自動調整票價，及以一籃子考慮準則不定期批準巴士，電車、小巴，的士加價；無論何種方式，終歸要照顧營運商不可虧本，可繼續經營。

讓營運商有利可圖，政府還有一個無法逃避的責任，即提供鐵路、道路、碼頭基建，並維護這些基建安全有效運作。這些基建以鐵路的資本需求最大，政府採用了以土地和物業收益補貼的方式，讓港鐵公司發展鐵路。由於港鐵是鐵路的唯一營運商，責任單一，政府責成港鐵維護鐵路安全有效運作，就一了百了。但道路碼頭有多於一個營運商

港島行走的電車

香港市區內行走的雙層巴士

使用，建造維護責任難以分攤，政府不得不負責，道路碼頭建造和維護都列入公務工程項目，由公帑支付。政府要確保道路碼頭安全有效運作，讓營運商可以用已購買的船隻或車輛，提供規定班次營運。否則，營運商要多購置船隻或車輛，方能符合班次要求，意味成本增加，盈利下降。政府規管海上航道和碼頭使用還是較容易的，但維護和規管道路有效使用就困難多了。

所謂道路有效使用就是確保車輛能以可接受的速度行駛。香港第一份運輸政策白皮書曾定下每小時 19-24 公里的目標。2021 年，中環繁忙時間行車速度平均每小時只有約 10 公里，雖然政府劃定巴士專線幫助巴士營運商，提升行車速度，但巴士往往在路口倒塞，幫助不大。而小巴的士則沒有得到同等待遇，經常埋怨政府不公。

在市區內提升行車速度，最有效的辦法是調控進入市區的車輛數量，可用行政指令，例如繁忙時段貨車不得進入或只准有環保綠色標記的車輛進入等；或對有需要的車輛發出許可證，有需要的定義可以是公共交通，政府車輛或對經濟有特別大貢獻的車輛等。當然，越來越多城市採用電子道路收費系統，以減少行政程序而又有實時改變收費，調控行車量的彈性。

持續提升服務水平

香港有約 40% 家庭住公屋，再加上舊區如深水埗住籠屋劏房的居民，

都是公共交通的必然顧客群。雖則如此，政府不能強迫他們一定乘坐公共交通，他們可以選擇不同的公共交通，也可選用騎單車。公共交通營運公司必須提供可接受的服務水平，吸引顧客群。事實上，鐵路、電車、巴士、小巴、的士、渡輪都存在一些競爭，個別營運公司還需努力比拼服務或收費以吸客。

怎樣的服務可吸客呢？港鐵每天運載超過50%的公共交通客，佔的份額最大，她以準時、班次密、可靠、快捷和安全吸客。亦即乘客不用長時間候車，可預計行車時間，不會費時失事。但在上班下班的繁忙時段，乘客經常投訴要等候多幾趟列車才可塞進車廂，當然無位坐，要站立在人群中，至下車站，一點不好受。

所謂良好服務就是要滿足乘客要求，無論中外，以客為尊都是有規模公共交通營運商的座右銘。乘客不想費時失時，希望掌握行程，包括計劃何時起行，何時可到達目的地；安全是必須的，舒適和環保是期望。公共交通營運商越能提供貼近乘客需求和期望，服務水平越高。

自1979年地鐵中環至官塘線開通以來，鐵路營運提供的服務起了標桿作用，讓其他公共交通追趕，提升服務，相互搶客。從六十年代，港府拾回管治意志，逐步建立發展雄圖，有序推展，公共交通隨着客運需求，不斷擴展和提升，公共交通服務提升經歷了幾個里程碑。

四通八達的公共交通網絡

乘客首先希望以最快的時間安全快捷到達目的地，最好能快過私家車，令駕駛者也要選用公共交通，香港能有約90%出行率乘坐公共交通，的確是有許多駕駛者選乘或轉乘公共交通來往市區。政府的確花了許多心思和資源取得這成績，不斷完善公共交通網絡是重中之重。

香港的公共交通網自六十年代以來，尤其是1979年有地鐵以來，不斷擴充。這個網絡以鐵路為主幹，以巴士、小巴、電車、的士以至渡輪為接駁及配合，讓乘客可由最偏遠的地點(例如離島)可在可接受的時間(兩小時以內)到達另一端偏遠地點。事實上，鐵路和道路工程一直沒有停止過。

政府進行過三次整體交通研究及三次鐵路研究，每次提出未來十年至十五年擴建項目，主要是填補欠缺的連接線(missing links)，把新發展區連到原市區，又往往如其他大城市一樣建外圍環線，讓跨區的交通繞過原市中心，減輕市中心的擠塞。

小巴填補客運空隙

小巴是香港一大特色，國際城市普遍只有都會鐵路(Metro)、巴士和的士，一般不需要這種中小型的公共交通工具。小巴的出現是歷史的偶

的士和公共輕型小巴

然，亦有它的發展原因，最終成為香港公共交通的重要成員，填補大運量的巴士和小運量的的士間的空隙，讓香港客運更具彈性，更具效能和可持續性。

小巴的出現源於1960年前的社會狀況，1949年前後，大批移民從大陸湧入，主要散居在香港和九龍，亦有部份住在新界農村。當時的公共交通只有巴士和的士，雖然政府不斷增加巴士和的士數量，應付需求，但巴士和的士都集中服務市區，服務新界的車輛嚴重不足，非法載客取酬的車輛(現今叫白牌車)充斥各區，以新界為甚，新界幅員大，警察執法亦困難。為整頓白牌車，港府於1960年修訂道路交通(的士及租用車)條例，由六月一日生效，合法獲發經營牌的車輛有的士(香港、九龍、新界)、租用車、公用車及雙用途車(俗稱貨Van)四種。香港九龍的士只可載5人，新界的士可載9人（俗稱「階磚仔」），以應付新界的需求[42]。當時新界的範圍並不清晰，「階磚仔」經常在時區邊沿地帶兜客，佐敦道碼頭為甚。它的經營手法是每位客人固定收費(俗稱「釣泥鯭」)，例如在佐敦道碼頭兜客，向落船的乘客叫：「去元朗一蚊位」。1963年，更有「階磚仔」定點定時行走，如往來荃灣及深水埗碼頭，每十分鐘一班車。

1967年暴動，巴士擺駛，公共交通嚴重不足，各種白牌車在全港(市區尤甚)湧現，包括私家車、貨Van、輕型貨車、和「階磚仔」等。這

---

[42] 詳述請參考熊永達、劉國偉合著《獵夢香港：的士業的傳承》，中華書局(香港)有限公司2020年出版。

些車輛除了新界的士外，全部都是違法載客取酬，但卻協助舒緩當時的客運不足狀態。1968年，巴士營運逐步恢復，港府必須處理違法車輛；根據剛成立的運輸署調查，當年有322輛新界的士在九龍及新界營運，1188輛貨Van、574輛私家車在港、九、新界營運，及有64輛貨車在新界營運。1969年，港府把這些車輛規範化，成為公共小型巴士，劃一為十四座，登記了3458輛。同時亦修改專利公共巴士條例，專利巴士公司不得營運小巴，為此，港府向九龍巴士公司賠款520萬元，向中華巴士公司賠款430萬元[43]。小巴數量年有增加，巴士公司屢有投訴損害它們的專利權，而營業車輛數量增加亦加劇交通擠塞。到1976年，港府不再發牌，小巴數量從此凍結在4350輛。政府為維持小巴的盈利能力，並滿足繁忙時段乘客需求，小巴的座位由十四增至十六(1988年)，而十九座(2017年)。

從十四至十九座的小巴，恰恰在五座的士和約七十座至一百座巴士[44]之間，對於一些地區偏遠、客量不足或道路狹窄而坡度大的地區，十分合適，新界鄉村一直都以小巴作接駁交通工具，來往鄉村和主要巴士或鐵路站。

港府一方面規管大部份小巴(綠色小巴)行走固定路線及固定收費，另一方面仍容許小部份小巴(紅色小巴)在不固定路線行走，也不規管收費。這樣，紅色小巴可發揮彈性，在繁忙時間和節日客量多的地區服務。

---

[43] 參看前運輸署長李舒的著作《The development of public transport in Hong Kong – an historical review 1841-1974，1986》。

[44] 單層巴士載客量為62-75，雙層巴士座位約100，另企位約50，香港大部份地區都採用雙層巴士，只有少數客量不足或道路狹窄而坡度大的地區採用單層巴士。

空調年代

1979年地鐵開通，市民享受到前所未有的服務，尤其是地鐵有空調，大熱天時，汗流浹背，在巴士、電車、小巴以至的士上，都不好受，可行的話，人們都選擇有冷氣的地鐵。冬天吹冷風，天寒地凍，人們也選擇有暖風的地鐵。

巴士、小巴和的士不得不各顯神通，在車廂內加裝空調，或購入有空調的新車。購入有空調的新車最簡單，可惜許多歐洲車都主要有暖氣機，就是有冷氣也不能應付香港熱而潮濕的天氣。可幸從1970年左右，香港的小巴和的士都來自日本，1983年小巴開始引入冷氣車輛，直至1990年左右才全部轉換成冷氣小巴。冷氣的士早在1963年出現[45]，但歐洲車款的冷氣並不成功，亦不成氣候。至1971年以後，日本車開始雄霸的士市場才逐步更換冷氣的士，與地鐵競爭。從約1920年巴士在香港行走開始，巴士都來自英國或歐洲，要有空調就不那麼簡單，香港要摸着石頭過河，邊學邊做，與巴士製造商一起，研發適合香港的巴士空調。

1981年左右，九巴嘗試在現有巴士安裝冷氣，最初要加一個引擎，在三輛巴士上試，不成功。到1988年才找到把豐田Denso冷氣安裝在Leyland雙層巴士上，這是全港第一部單引擎冷氣巴士，才算成功。

---

[45]《工商日報》，1963年9月10日。

初期冷氣機，就只能是一個主頻率出風，效能不高。冷氣機必須有變頻才有效率應付不同的冷暖風的需求。香港的問題是濕度高，首先要搞抽濕，乘客才感到舒服。巴士有冷氣，還要兼顧通風，因為乘客呼出二氧化碳會聚集，濃度會超出法定要求，必須引入鮮風加以稀釋。可幸，巴士每到站上落客，開門閂門有大量鮮風流動[46]。

智慧公共交通

公共交通乘客和駕駛者的最大差異是掌控行程的能力；駕駛者隨時可以使用自己的座駕，掌控出行的時間，而乘客每每要等候下一班車，或在返工放工時段等兩、三、四班車。在非繁忙時段，乘客不知車幾時到站。若果去不熟識的地點，更要花時間找直達或轉乘的公共交通，要步行轉乘就更是麻煩。

隨着智能電話的普及，公共交通的固定和實時訊息都可以數碼化，即時傳送到乘客。理論上，公共交通(例如巴士)的路線、班次、到站時間、意外、延誤、改道等訊息都可以在手機的程式實時看到，若當乘客輸入出發點和目的地時，手機程式可協助乘客在錯中複雜的公共交通蜘蛛網絡中，找到最合適的(乘客可決定最快、最便宜或其他貼心的選擇)公共交通行程。2021年，這類公共交通智能電話程式如CITYMAPPER已逐漸在大城市流行，但這些程式絕對需要訊息擁有

---

[46] 參看本書《九巴前總工程師沈乙紅談巴士》一章

者(包括公共交通營運商及政府部門)的全面合作才可完善化。可惜由於香港的公共交通營運商的商業利益考慮，實時公共交通服務的手機程式還未能令乘客滿意。

雖則有許多商業利益的制肘，港鐵、巴士公司、小巴公司甚或的士營運商都各自開發手機程式，讓乘客得到資訊，吸引乘客。政府則在電台、電視、或各類的手機程式發放交通及公共交通服務的資訊，協助乘客掌控行程。

可負擔的票價

吸引高達90%市民乘坐公共交通除了服務水平可與私家車比較外，公共交通的票價一定是絕大部份市民可負擔的。否則，政府會承受很大的政治壓力，低收入家庭會抗議，導致社會不穩。事實上，政府一直採取措施，控制車費加幅在通脹率以下，令香港的公共交通票價水平是全球最低的國際城市之一。

控制票價是政府平衡政治的一項藝術，官員就像走在平衡木的藝人。一方面要保證營運公司有利可圖，有意慾維持營運和有資源不斷提升服務。另一方面，要保證大部份市民可以承擔。

香港政府經歷過幾個階段以不同方式控制票價。在地鐵開通前，主要

是透過發出專營權控制巴士的票價，1933年，港府開始發出專營巴士合約，規管巴士營運，包括路線及票價。當時只有中華巴士公司和九龍巴士公司，後來有大嶼山巴士公司，城市巴士公司，新世界第一巴士公司等。巴士票價調整必須要由政府審批，初期審批的準則並不透明。不過，由1970年起，政府推行開放政府策略，避免公眾質疑官商私相授受，黑箱作業，亦為防貪污，政府儘量公開審批準則，而準則亦隨時間改變，2000年開始，政府正式宣布採用一籃子因素審批票價調整，包括巴士公司的收入和成本轉變；預計未來成本和回報；巴士公司的合理回報；公眾的可接受程度和服務規模和質素等。但萬變不離其宗，審批的主要考慮是公司盈利和市民可接受程度。公司盈利一直都以平均資產淨值(value of average net fixed asset)為基礎，計算合理的市場投資回報，簡言之，投資越大，回報越豐，以鼓勵巴士公司投資。因此，巴士公司是不會拒絕投資，尤其是購置新車，前題是政府必須按機制容許加價。不過，政府審批加價申請的最終決定還是政治平衡，判斷市民對票價的承受能力。這判斷並不及按平均資產淨值判斷公司盈利般簡單，多年來，政府檢討又檢討專營巴士條例[47]及條例授權行政機關調整票價機制，把客觀的每年經濟統計數據加進審批的因素，如通脹率，市民可動用收入，加薪幅度等等，希望達到讓市民感到審批的過程透明、公開、公正；不過，政府審批準則都不可能完全依賴這些客觀數據，來判定市民對票價可承受的水平。港府

---

[47] Public Transport Services (Kowloon and New Territories) Ordinance 1960; Public Transport Services (Hong Kong Island) Ordinance 1960; Public Omnibus Service Ordinance 1975; Public Bus Services Ordinance (Cap 230) 1984.

清楚知道這些統計數據都是平均數，需要照顧的是弱勢社群，入息在平均以下，甚至沒有收入，正接受公共援助。為了照顧弱勢社群，政府在批準加價時，會要求巴士公司推出月票等優惠計劃，減輕低收入人士的負擔。隨着社會對公共交通服務期望日升，如照顧輪椅車乘客符合安全和環保準則等，投資和營運成本日增。

管控鐵路票價在地鐵和九鐵同時營運的年代也是由行政機關審批。但資本投資和營運成本回報就分開處理，不可能像巴士公司一樣按平均資產淨值計算回報率。鐵路投資成本龐大，即平均資產淨值高得驚人，要得出合理回報率，票價會高得令人震驚。建造鐵路和購置列車及其控制系統的資本投資只能由政府負擔，或政府設法處理。1976 年開始建造地鐵時，政府就決定讓鐵路公司同時發展沿線物業，即舉世聞名的「鐵路加物業發展模式」，讓港鐵從物業發展收益獲取鐵路基建投資的回報。而審批調整票價時只需考慮每年人工和物價成本的變動。

2018 年地鐵和九鐵合併為港鐵，政府為確保港鐵的盈利能力，容許港鐵採用一條簡單的方程式計算調整票價，即「票價可加可減自動機制」，不用政府審批。簡言之，根據每年政府公佈的人工物價變動，輸入方程式，就得出來年的票價調整，人工物價向上就加價，人工物價向下就減價。機制公開透明，絕無黑箱作業。可是自從 2010 年開始採用這機制以來，到 2022 年票價都只有向上，未有向下。這個機制

天星渡海小輪是香港的百年招牌

肯定讓港鐵的投資者安心，因為營運收入不會受制於政府的政治判斷，減去了做生意的不明朗因素，盈利的可預測性高，港鐵的股價穩步上揚。

不過，這機制就未有回應市民可負擔票價水平難題。而港鐵的票價卻起公共交通收費的指引作用，巴士、小巴、電車、渡輪等都會按港鐵的加幅而制定各自的加幅，以保持競爭力。只要港鐵加價，那管加幅輕微，都會牽動加價潮，市民怨聲載道。政府當然不能逃避管控公共交通收費在市民可負擔水平的責任，政府不斷微調港鐵加價機制：一、當加幅太小時就不加，累積到下一年計算，以減少年年加價的境況；二、加幅不能超過通脹或平均家庭收人增長；及三、服務延誤罰款回饋乘客，減少加價對乘客衝擊等。港鐵加幅減少或不能加，導致巴士、小巴、電車、渡輪都不能加或加幅小，財務出現短缺而營運有困難，1992年開始，政府陸續實施減低渡輪成本的措施，包括承擔碼頭維修、豁免燃油稅、按照「長者票價優惠計劃」發還碼頭租金和豁免船隻牌照費、准許渡輪營辦商分租碼頭的地方作商業及零售用途等，從而紓緩加價壓力。2014 至 2017 年，政府進行了公共交通策略研究，作出一系列建議，提升服務[48]。重中之中是優化營運環境，提升無障礙設施及環保裝置，減少蝕本生意及開拓賺錢生意。這些措施包括為重組巴士路線、設置更多專用車道、轉乘站、點到點快線等；為小巴增加座位、開放禁區、提供轉乘鐵路優惠和增加更多新屋邨專線等；協助

---

[48] 可參看立法會文件《公共交通策略研究》報告 (https://www.legco.gov.hk/yr16-17/chinese/panels/tp/papers/tp20170616cb4-1176-3-c.pdf)

電車冷氣化和重舖路軌；協助渡輪改善碼頭設施和繼續補貼營運等。2018年開始，政府豁免專營巴士使用政府隧道及道路的收費，以紓緩加價壓力。

政府要保證營運商有合理回報，不得不承認壓抑票價水平越來越困難，亦不可能照顧所有人的負擔能力。政府必須補助接受公援和低收入的一群，政府於2019年推出「公共交通費用補貼計劃」[49]，協助有需要人士。這個計劃聰明之處是：一、直接補貼乘客，乘客可選用納入計劃的公共交通工具；二、乘客必須乘車，補貼不能用在其他地方；三、公共交通營運商還必須提升服務爭客。釐定補貼金額具彈性，即訂立交通費支出的最低限額(初定400元)，超額才獲得補貼，而補貼是超額支出的百份比(初定25%)，而不是全數補貼，而且設補貼上限(初定300元)。以後要改動補貼規模只需改動納入計劃的公共交通類別，及上述的三個參數：最低支出限額、補貼超額支出的百份比和補貼上限。

有了這個「公共交通費用補貼計劃」，政府要平衡營運商回報和市民可負擔能力多了一根槓桿，讓決策者走在票價水平的平衡木上更加穩妥。

---

[49] 可參看立法會文件《公共交通費用補貼計劃的實施情況和檢討結果》(https://www.legco.gov.hk/yr20-21/chinese/panels/tp/papers/tp20210521cb4-987-5-c.pdf)

3.2 盈利的公共交通？

香港的公共交通服務一直在全球散發輝煌；公交營辦商可盈利，政府不但沒有補貼分毫，還可收股息及盈利稅。香港公交票價在全球主要城市中相對低；乘客普遍滿意。若有投訴，由營運商處理。政府只做監管角色，簡直活在天堂一樣。香港公交服務的營運模式對全球政府都有無比吸引力。無論國內國外，香港公交服務是典範，經常有人來取經。

盈利的環境

公交盈利的確是世上少有，有盈利才可撥出資源，購買更舒適，更環保運輸工具，安裝更安全設備，不斷提升服務。開埠初期，無論火車、巴士、小巴、的士、以及渡輪在大熱天時，加上潮濕，大汗淋漓，乘客都要擠在一起，搭車船都好像經歷桑拿浴，遑論坐得舒舒服服。二戰後，尤其是內戰結束，大批人從大陸湧入香港，港府開展建屋計劃，新市鎮陸續從觀塘、荃灣、一直擴展至沙田、大埔、粉嶺、天水圍、東涌等等。高密度的發展是公共發展的溫床。港府沒有錢都不打緊，錢在民間，民營企業睇準發展的勢頭，應運而生。加上港府推動「大市場、小政府」的總體發展策略，讓民營企業有利可圖（即保證利潤達到可觀水平，達不到水平就可加價），港府不用一分一毫，吸引了

民間資本，大舉投資，提供高質素、有效率、而平價的公交服務。簡言之，公交盈利最重要的因素是客量不斷增加，營運商可以加票價，保證利潤水平。有可觀的盈利，港府要求營辦裝冷氣、安全帶、防撞設備、監督司機「恰眼瞓、突然休克」、以致更換更環保的運輸工具等，持續提升服務，並無爭議，十分爽快，話做就做。

盈利的環境起變化

香港進入了特區年代，這種天堂一樣的狀態漸漸發生變化，沒有了全港策略發展規劃及沒有了總體運輸規劃，運輸需求沒有了方向，更沒有了前景，除了鐵路客量有增無減外，巴士、小巴、電車、的士和渡輪客量拾級而下[50] 鐵路以外的營運商年年賺錢的情景不再，有些年更蝕錢，於是不停申請加價，承受不了票價的乘客越來越多，怨聲越來越大。

公交盈利的元素在特區年代卻慢慢發生根本的變化，規劃了的東九龍、西九龍、洪水橋、古洞、新界北、新界西北等等新發展區，落實速度緩慢；市民的感覺是政府雷聲大、雨點小、議而不決、決而不行、行而不果。巴士、小巴、的士、渡輪等營辦商申請加價，要等特首找到合適的政治時機，才可發辦。而申請加價的幅度，再難隨心所欲，必受削減。政府要求營辦商提升服務，進一步加裝智能系統，自動駕駛

---

[50] 運輸署 - 交通運輸資料月報 (td.gov.hk)

配件防止碰撞，站頭碼頭安裝實時到站或泊岸訊息，以至更換電動車和電船，都爭拗不斷，再不能爽快，只是拖拖拉拉，港府力推的智慧出行和宜居城市可能變成海市蜃樓。

公交盈利不再，營辦商加價不隨心所欲，而提出加價則越是頻密，市民叫苦連天，每提加價，無論政府、營辦商、議員、市民都經歷一次又一次折騰，社會進入了螺旋式的死胡同。

有限度補貼維持營利

為緩減這痛苦，政府近年為營辦商和乘客提供各式各樣的補貼。2013年政府為離島渡輪提供史上最複雜和鎖碎的補貼[51]，包括免驗船費、船隻牌照費、保養費、保險費、燃油稅、碼頭電費、水費、清潔費等。更為碼頭建樓層，讓營運商可租出店舖，增加收入，補貼營運，而天星小輪的租務收益最為同行艷羨。為補貼專營巴士，2019年政府修例，豁免政府隧道及道路收費[52]。

政府除了直接補助營運商，更多着力補助乘客，讓更多人乘坐公共交通，又可自由選擇地鐵、巴士、小巴⋯，各營運商還是要改善服務，吸引乘客。政府首先補貼的是65歲或以上的老人。他們理應退休。退休人士由於沒有收入，是最容易被確認沒有能力支付車費的一群。政府推出老人交通津貼，一來協助這群人，二來可作為對老人的回饋，

---

[51] Microsoft Word - 20161118 Panel Paper (Chi)(To issue) (legco.gov.hk)

[52] 2018ln237-239_brf.pdf (legco.gov.hk)

以報答他們工作至退休對社會的貢獻，三來可幫助公共交通營運商，增加這類乘客，而票價差額由政府補貼。

政府自 2012 年起推出票價優惠計劃，讓 65 歲或以上長者 和合資格殘疾人士可一律以每程 2 元的優惠票價乘搭指定公共交通工具。在 2019-2020 年度，政府向香港鐵路有限公司、專營巴士 營辦商、渡輪營辦商及 綠色專線小巴 營辦商發還因提供票價優惠而少收車費 /船費收入的款額分別為 3 億 4,170 萬元、5 億 4,110 萬元、2,960 萬元及 3 億 6,250 萬 元；即每年支出約 13 億元。

為進一步增加這類乘客，特首林鄭月娥在 2020 年 1 月承諾推行把補貼老人家乘坐公共交通工具的年齡由 65 歲下調至 60 歲，以展現她敬老德政，許多銀髮一族翹首以待。特首要求勞福局羅致光局長跟進。這是特首的敗筆，勞福局長只從老人福利和政府承擔能力的角度考慮，沒有職責關顧公交營運。

一年過去，羅局長不但交不了功課，而且認為計劃複雜，要起碼兩年時間籌備，還要考慮把長者八達通取消，以個人八達通代之，更要命的是考慮老人家日後搭車，要由 2 元加至 3 元！身為勞福局的羅局長令老人家失望，不但沒有給更多福利，反而剝奪老人福利。根據勞福局答覆立法會議員的提問[53]，截至 2020 年底，約有 132 萬 65 歲以上長者受惠長者八達通，若把受惠年齡下調至 60 歲，約有 60 萬由 60 至

---

[53] 立法會文件 CB(2)631/20-21(01)

65 歲人士可受惠。市面有約 360 萬張普通長者八達通,及約 40 萬張個人八達通流通,在乘搭公共交通行程上,有約一成是用長者八達通。2017 至 2019 年檢控濫用長者八達通有 66 宗個案定罪。勞福局認為濫用長者八達通的情況嚴重,當考慮下調長者八達通受惠年齡時,要一併思考打擊濫用。而重中之重的考量是財政負擔。羅局長擅於思考問題,喜歡把簡單問題複雜化,搬出一大堆困難,把解困和德政綑綁,若果濫用長者八達通真的嚴重,那羅局長最應做的,是馬上下令港鐵員工或警方加強執法。而不是懲罰原本受惠的大多數(由 2 元加至 3 元)來落實將要受惠的少數!令耆老認為初老是「陀衰家」,分化老人。把優惠票價由 2 元增至 3 元,會否壓縮了客量,可能幫不到公交營運商。

除了老人和傷殘人士交通補貼,2017 年推出公交補貼[54],讓所有乘客每月乘坐公共交通費用超出 400 元的,超額之數由政府補貼 25%,上限是 300 元,涉及每年 23 億元。推出幾年間,隨着公交加價,補貼幅度和上限不斷調升。補貼受惠的是經常出行的市民,讓他們乘搭公交需求不減,營運商包括鐵路、巴士、小巴、電車、小輪因而受惠,首期只包括專營公交,再而擴展至非專營巴士和紅色小巴。

公交盈利不再,為維持服務,政府補貼沒完沒了,越貼越多,營辦商和市民都要求加碼又加碼。政府雖則有錢,但每年港鐵、九巴、新巴、

---

[54] tp20200117cb4-245-5-c.pdf (legco.gov.hk)

城巴、小巴、電車、渡輪、的士分別提加價，各方用盡腦力及壓力，逼迫政府加補貼。

政府需承擔投資風險讓公交盈利

市民期望政府急市民所急，思考改變公交的發展策略，走出這周期性的折騰，讓公交可持續發展及提升服務。事實上，公交盈利最關鍵是掌握政府的規劃，了解客源，決定可盈利的投資。如今，沒有人比政府更了解規劃及落實時序，營運商無能力承擔因資訊不足的投資風險，只能是政府自行承擔。明乎此，為維持及提升公交服務的資本投資，最有效和合理的做法是政府出錢，營運商出力。換句話說，無論車船的購置，今後由政府負責，要電動環保的，要安全的、舒適的、美觀的、…，必然得心應手，營運商不用拖拖拉拉，民眾可適時享用一流的服務，皆大歡喜！

若營運商沒有了固定資產的負擔，以營運商的智慧，他們必然能重回賺錢的軌跡，可能會有減價壓力。而政府在行政上也簡單得多，既可收回全部補貼，不用與營運商糾纏盤點數據，省掉計算複雜的補貼，省回許多人虛耗的精力和時間，省回行政費，往後只需補貼貧窮一族，利落很多。

這近乎幻想的美境，能否出現？視乎政府一念之間，政府只要改變思

維，不必一定在公交收取盈利，把從港鐵和九鐵(九鐵擁有東鐵線和西鐵線、即屯馬線的資產，每年向港鐵收租)的收益投資到其他公交，政府還是可以不出一毫而利天下！

能否重回往日輝煌？當政府聲稱建設更宜居城市，公交理應更受歡迎，更符合民眾的期望，現在是政府改變思維，扭轉乾坤的時候了。

四、鐵路

4.1 發展局前常任秘書長麥齊光談鐵路

踏入香港大學梁銶琚樓 15 樓高級職員會所，麥齊光早已坐在靠窗的位置，不見多年，依然精神奕奕，神采飛揚，雖然已從政府的領導位置退下多年，仍不停工作，在香港大學擔任榮譽教席，春風化雨，以傳承經驗為己任。

一段難得的經歷

麥齊光 70 年代初畢業於香港大學土木工程系，師承英國傳統工程學體系，貫注工程師的專業精神。麥齊光言談舉指，溫文爾雅，說話不慍不火，就是喜歡講事實、講理據，求用淺白的話語去說明一些復雜的課題，以明辯的態度去解釋困難問題的解決方法。他經歷過大大小小工程，參與過種種決策，以專業和認真的態度，展示工程師應有的社會責任。他熱愛工程專業，談話間引用土木工程師學會成立二百周年慶典的主題："工程師的天職是改善人民的生活，保護人民免於自然災害"(Engineers transform and protect lives)，亦是他作為工程師的座右銘。

在港大畢業後，麥齊光進入政府，由見習工程師開始，先後出任各級工程師、拓展處處長、路政署署長，最終晉升至發展局常任秘書長。在 37 年工程及公務生涯中，他見證香港的發展，對這個他出生、成長的地方，他有着無比的熱忱。他參與香港的城市建設，策劃及設計多項大型基建設施，並以能在香港經濟騰飛的年代，出一分力貢獻香港社會，感到欣慰。對香港戰後的發展，他歸納為一個從高速增長至質量發展的歷程 (from high-speed growth to quality development)。

一條鐵路線到一個鐵路網

談及悠長的公務生涯，麥齊光說：「我任職政府鐵路部的時間最長，從見習工程師至政府首席工程師，跨越二十五年之久（1975 年至2000年）。」他自言是邊做邊學，年復年從實際工作上積慮經驗，有時更是「摸着石頭過河」去解決難題。

香港第一條鐵路是於1905 年興建，在 1911 年開通營運的九廣鐵路 (九鐵)，至上世紀70 年代，香港仍只有這條鐵路，政府在80 年代把九廣鐵路現代化，背景是中國大陸改革開放，過境人流物流急增，市民還記得春節期間，羅湖車站每天有超過十數萬旅客進出境的情況。同期香港人口亦以每十年增長一百萬的速度急增，九鐵沿線新市鎮的快速發展，更是九鐵必須提升運載力以應付人流激增的原因。

九廣鐵路的12卡列車在東鐵行走，九鐵在2018年與地鐵合併成為港鐵，12卡列車在2022年9卡列車取代

東鐵的9卡列車在大圍停站

麥齊光解釋：「九廣鐵路 (Kowloon-Canton Railway) 原是一個政府部門，負責營運和維修九鐵，當時政府工務局屬下設有一個鐵路工程組 (Railway Section)，主要為九鐵進行一些小型工程。我清楚記得我參與的首個鐵路發展項目，是九廣鐵路由紅磡至沙田舖設雙軌工程，包括搬遷尖沙咀總站至現在的紅磡總站，政府同時收回尖沙咀九鐵路段的貨場土地，發展成今天尖沙咀東部的商業區。」

後來，九鐵舖設雙軌工程延伸到羅湖，項目再擴展成九鐵電氣化和現代化，工程由70年代到80年代，足足十年，規模龐大。政府亦提升鐵路工程組為鐵路部 (Railway Division)，由一位總工程師統領，三位高級工程師及多位工程師，負責策劃和實施這項龐大的鐵路擴展工程，麥齊光就是在這時加入鐵路部。他先後參與多個九鐵現代化的工程項目，興建橋樑、隧道、車站等，見證九鐵從一條單軌柴油機車的鐵路，變身成為今天東鐵現代化的電動列車系統。

九鐵還有貨運服務，包括運載生畜到紅磡。政府和九鐵曾提議建一條跨境貨運線到葵涌貨櫃碼頭，麥齊光參與這個構思的研究，他回憶這貨運線沒有成事時說：「我和九鐵同事曾經為研究貨運線，到大陸貨場考察，了解國內用的是大小不一的貨櫃，跟國外鐵路貨運慣常採用的標準貨櫃和單層或雙層貨櫃列車，運作模式大不一樣，同時大陸亦沒有轉型到採用標準貨櫃箱的要求，加上貨運需求不大，再者鄰近深圳鹽田貨櫃港在建，政府和九鐵遂決定不推展這條通往葵涌貨櫃碼頭

的跨境貨運線。」

在九鐵現代化的同期，政府開展集體運輸計劃，並且在1975年成立地下鐵路公司 (Mass Transit Railway Corporation)，地下鐵路觀塘線在75年動工興建，79年完成啟用。之後荃灣線 (82年), 港島線 (85年)相繼落成。在 1989 年動盪的歲月期間，政府決定興建赤鱲角新機場。新機場十大工程包括機場鐵路(機鐵)，需要有鐵路經驗的工程師參與。麥齊光說：「在1990年，我被調任到運輸局內新機場組，參與策劃機鐵的走線，比較不同的車站設置方案，及定出由機場快線及東涌線共用軌道的機鐵系統。方案選定後，機鐵項目交由地下鐵路公司負責全面實施，機鐵在1998年落成，於新機場啟用時通車。」

1992 年，麥齊光已經參與鐵路發展十多年，他意識到香港要有一個整體鐵路網，增強覆蓋面，才能最好地發揮鐵路的運輸功能。故此如何將地鐵、機鐵和現代化的九鐵結合成為一個整體鐵路網絡，是下一個階段香港鐵路發展的主要課題。

麥齊光憶述：「這也是當時鐵路部總工程師提出的任務，我們思考香港集體運輸發展的需要。政府自七十年代始一直有進行『香港整體運輸研究』，雖然鐵路是整體研究的一個部份，但不包括鐵路發展的詳細規劃。我們認為有必要為鐵路發展規劃進行獨立研究。於是我們編寫研究綱要，向政府提出建議，政府亦很快接納了建議，我們很興奮地

聘請專業顧問公司開展首次『鐵路發展研究』。」

政府和兩鐵在鐵路發展的角色

談到鐵路的整體發展，麥齊光盡訴多年心得：「鐵路項目如其他基建項目都有幾個主要發展階段：首先是產生概念，繼而是訂立項目的範圍和內容，再而是決定資金來源和通過法定程序，才能開展詳細規劃、設計、編寫工程合約和招標承建，最後才是建造、通車、營運、管理及維修等。前期的規劃，是項目發展非常重要的階段，要在各種不確定的情況下，制定多個選項，並優選出理想可行的方案，這需要經驗和有效的甄選方法。」

政府在鐵路發展不同階段負責不同角色。他詳細解釋：「九鐵現代化計劃採用公務工程模式，由政府主導鐵路項目的規劃、設計、承建及施工監督，鐵路建成後，交給九鐵去營運。而地鐵就採用另一種發展模式。地鐵自建造首條觀塘線以來，就以「建造、擁有、營運」(Build, Own, Operate, BOO)方式推行，由地鐵公司全面負責。地鐵公司作為一家公營機構，按法例依審慎商業營運原則，負責實施項目的全部規劃、設計、承建及監督施工，並在通車後負責系統的營運、管理和維修。多年來，兩種模式都成功地實施鐵路項目的建設。」

有見及地鐵公司營運成功的經驗，政府在1982年成立九廣鐵路公司

興建中的港鐵柯士甸站，連接屯馬線、東涌線、鐵場快線和高鐵西九龍站

(Kowloon-Canton Railway Corporation, KCRC)，讓九鐵脫離政府，成為另一間公營公司。自此，香港的鐵路運輸便由兩家具備實施工程項目能力的公營機構，九廣鐵路公司 (KCRC) 和地下鐵路公司 (MTRC) 負責建設，營運和管理。

政府同時將鐵路部升格為鐵路拓展處 (Railway Development Office, RDO)，由一位首席政府工程師 (鐵路拓展處處長) 統領，並且歸入路政署，隸屬運輸局的政策範疇。RDO的角色亦從過往鐵路部負責設計和興建鐵路，轉為規劃鐵路的整體發展，研究擴展鐵路網絡的方案，及參與制訂長遠鐵路發展策略。

麥齊光說：「在新的模式下，政府和兩間鐵路公司的分工，亦轉為由政府制訂鐵路發展的宏觀藍圖和定出不同鐵路的初步走線，鐵路公司則按政府鐵路發展的框架下，提出實施新鐵路項目的建議，並且在和政府達成營運協議後，進行項目的具體實施。」

一個觀點 - 兩鐵的合併

許多人不知底蘊，猜想兩鐵合併的原因，麥齊光提出他的觀點，他認為：「90年代當鐵路網絡不斷擴展，地鐵和九鐵出現多個交接點，乘客可以轉車換乘，到各自目的地，但換乘的方便卻引起公眾對收費的不滿，因鐵路公司將票價分為"入閘費"和"路程費"兩部分，乘客一直投訴兩家鐵路公司在轉車換乘時，分別收取"入閘費"，這等同收額外轉車費。這種不滿漸漸形成對兩鐵票價整合的意見，這可說是兩鐵合拼的"前因"。」

麥齊光接着說：「政府為解決兩鐵營運的問題，在運輸局內設立專責小組，研究兩鐵票價的整合、兩鐵在競投新鐵路項目時的商業行為，以至兩鐵合併的利弊及所引起的問題。反覆研究多年，政府一直未有啟動合併。直至2006年九鐵因東鐵列車車底一個安裝不妥的變壓設備的維修，引起九鐵內部管理層的一場風波[55]，這場風波觸發了兩鐵合併。」政府在2007年合併兩鐵，成為香港鐵路有限公司 (MTRC Limited)。

在回顧兩鐵合拼的過程時，麥齊光不無感慨地說：「九廣鐵路自1911年開通，有超過百年歷史。九廣鐵路公司是家"百年老店"，其間經歷過不少變遷，特別是經過轉為公營公司後，九鐵員工亦建立起一套企業文化。九鐵承擔多項復雜鐵路項目的規劃、設計

---

[55] 請參看2007年12月快樂書房出版黎文熹著的《九天風雲》

138

和興建，包括RDS 1994 建議的西鐵、馬鞍山線、東鐵延線和落馬洲支線。完成這些大型鐵路項目後，九鐵公司在傳統機構文化上，注入新經驗和新思維，成為一間有堅實技術和管理力量的現代企業。MTRC 自1975 年成立，開始就着重商業經營的營運模式、隨着香港集體運輸網絡的擴展，MTRC的業務範圍亦有很大的擴展，公司並且涉足其他國家，城市的地鐵建設和管理，漸漸成為一間國際公司。MTRC以審慎商業營運原則，在業務上利用"鐵路+物業"(Rail + Property) 的發展方法, 成功建立一套獨特的「建造、擁有、營運」(Build, Own, Operate, BOO) 的模式，承擔新鐵路的建設和營運管理，並且建立國際聲譽。」

麥齊光認為:「由此可見，香港不斷擴展的鐵路系統，有足夠規模容納兩家鐵路公司。兩鐵並存，超過25 年，效果良好。兩家公司按法例，依審慎商業營運原則，各自管理，讓市場有競爭，不出現壟斷，讓政府的鐵路發展政策有更大的彈性，實在是體現公共運輸系統在高密度城市運作的一個成功典範。故此，我贊成有意見指現時港鐵作為單一鐵路公司，在沒有競爭的環境下，經營香港的全部鐵路系統，可能不是最理想的做法，從最近發生的項目管理和施工監察上所見，港鐵是否太大了？」

他提出疑問:「是否將港鐵分回兩家，讓兩鐵並存，各自發揮公司獨特的企業文化，是更理想的體制？」

鐵路發展研究和發展策略

提起鐵路發展研究，麥齊光面上綻放一點微笑，想他是慶幸能參與這項重要的研究，規劃香港鐵路網絡未來的擴展。政府至今進行了三次鐵路發展研究，並在研究成果的基礎上，於1994, 2000 及 2014 年制訂及發表鐵路發展策略 (Railway Development Strategy)。麥齊光在1992-93 年參與第一次鐵路發展研究時，是負責這個研究項目的高級工程師。他憶述：「鐵路發展研究有三個主要課題：(1) 制訂一個整體鐵路網絡的未來擴展藍圖，(2) 就每條規劃的鐵路建議優選的走線，與及 (3) 建議落實新鐵路線的時間表，財務安排和營運架構。我們需要就這三個主要課題作出具體的建議。」

興建一條新鐵路，往往涉及億萬投資，必需按嚴謹的推算及經過慎密的比較，才能作出建議。麥齊光說：「人口數據是最重要的規劃數據，用以預測未來的客運和人流，與及比較不同網絡擴展方案的效益。開始時，顧問公司用了一套單一的規劃數據，預測增長和需求，繼而規劃不同提升運載力的方案。我們在完成初步估算後，卻發現外在環境因素的轉變，會大大影響假設和隨之的推算，令預測失準。」

他繼續說：「我們很快改變方法，作了修改，在進行預測時，採用高、中、低、不同規模和覆蓋範圍的遠景假設，利用電腦應用程式進行具彈性的預測，建立一套靈活的估算方法。我們在研究過程中，學會了

進行長遠規劃的估算方法，可以說是經一事、長一智，積累了寶貴的經驗。往後再進行研究估算時，我們要求顧問公司與RDO的工程師分享電腦應用程式和估算方法，讓我們掌握研究用的數據、假設、運算和推論，RDO 在日後測試不同環境轉變時，便具備作長遠規劃估算和研究的能力。」

1994 年，政府把第一次鐵路發展研究的成果，歸納成香港首份鐵路發展策略 (Railway Development Strategy, RDS 1994)，RDS 1994 建議興建西鐵、馬鞍山線、將軍澳線、東鐵延線從紅磡至尖沙咀、和落馬洲支線五條新鐵路。當時有意見指同時興建五條鐵路規模太大，不切實際。然而政府最終決定按照RDS 1994 落實這些鐵路項目，各條新鐵路亦相繼在2003 至2005 年落成。麥齊光滿意地說：「RDS 1994建議的五條鐵路線形成一個初步的網絡，落成通車至今十數年，為市民提供便捷的運輸服務，說明RDS 1994 建議的鐵路擴展計劃是適切和符合社會需求的。」

政府在1998 年進行了第二次鐵路發展研究 (RDS-2)，麥齊光再次參與這項研究。他說：「在 RDS 1994 的基礎上，RDS-2 的主要課題是如何在網絡擴展的前題下，同時消除網絡上擁擠的路段，減少轉車換乘，增加直達路線。」

基於RDS-2 的研究成果，政府在2000 年發表第二份鐵路發展策略

港鐵的司機培訓駕駛儀

港鐵青衣控制中心，實時調控列車運行，可監察列車的運行情放、調度和指示列車司機應對特殊情況、直接向車上乘客發出訊息

Railway Development Strategy 2000, RDS 2000)，建議進一步擴展鐵路網絡及興建更多鐵路線，包括跨境的區域快線，第四條過海鐵路，即是快要落成通車的沙中線 (沙田至中環線)。

麥齊光指出：「RDS 2000 的核心項目是第四條過海鐵路，規劃的路線連接沙田至中環，故命名為沙中線 (Sha Tin to Central Link)。這條鐵路線有九鐵的大圍站和紅磡站，也有地鐵的鑽石山站和金鐘站，從走線及車站分佈，它不是任何一條現有鐵路線的支線或延線，不能簡單地邀請任何一間鐵路公司去興建。」

根據 RDS 2000 關於項目實施的政策：-擬批出的新鐵路項目如果不屬於現有鐵路的延伸部分，政府將會採取公開公平的做法，邀請兩家鐵路公司競投有關項目。

麥齊光憶述：「早在 RDS 1994 時，我們已經意識到落實新鐵路線的體制架構，是鐵路發展的重要考慮。由於沙中線非地鐵或九鐵原有鐵路的伸延，按 RDS 2000 註明的政策，讓兩鐵競投沙中線這個項目，是良性競爭，亦符合兩鐵審慎商業營運的原則。」

麥齊光續解釋：「我們邀請兩鐵競投興建沙中線項目，他們提交的技術及財務建議，顯示他們建造的方法和成本是差不多的，但九鐵贏了這次投標，原因是他們的收入預測，遠比地鐵高。要知道所有九鐵路線，終點站都在九龍，沙中線為九鐵第一條過海線，每一個過海客都是新

客，將會為九鐵帶來龐大的新增收入。地鐵就沒有這個優勢，因為地鐵在原有三條過海線上新增沙中線 (第四條過海鐵路)，祇會將原有過海客分配到四條過海鐵路，新增的乘客和新增的收入不多。結果九鐵不需要政府注資，可以自行興建沙中線，而地鐵要求政府補貼。結果沙中線便由九鐵去建造。」

2006 年政府在確定兩鐵合拼後，將沙中線交由新成立的香港鐵路有限公司 (港鐵，MTRC Limited) 興建，在 2007 年兩鐵正式合併後，港鐵進行沙中線的詳細規劃，並在 2008 年提交政府興建的建議，建議按先前九鐵方案，但費用由原先九鐵自資興建的 BOO 模式，轉為一項公務工程，由政府出資，支付鐵路建築的全部費用。經立法會通過撥款，沙中線於 2012 年動工，東西走廊已在 2021 年落成通車，南北走廊也即將開通。

政府在 2014 年完成第三次鐵路發展研究，並一如以往，經過廣泛諮詢後，歸納成第三份鐵路發展策略 Railway Development Strategy 2014, RDS 2014)。雖然麥齊光已經退休，沒有參與這項研究，但他非常樂見政府繼續在鐵路發展上進行研究和制訂發展策略。

前路

麥齊光參與了香港鐵路 25 年的發展過程，由一條鐵路到一個鐵路網

沙中線的插曲

談到沙中線最後定線，麥齊光透露一段鮮為人知的小插曲：「按政府發給兩鐵的招標文件，規定沙中線的基本路線，是由大圍經過東九龍，然後過海，到達金鐘。兩鐵在投標時都要符合這條走線的規定。當時九鐵中標後，就按投標的走線開展詳細規劃和設計，2004年在九鐵董事局差不多要決定沙中線最後定線時，我有機會提出意見，我指出九鐵在中標後，根本不需要按招標時的走線去建沙中線，招標時的走線是一條獨立的走線，讓兩鐵在同一方案上作公平的競投，中標後，九鐵應考慮RDS-2提出的其他走線，特別是由東鐵直接過海的方案。」

麥齊光興奮地說：「當時九鐵主席接受了我的意見，修改先前走線，改為按東鐵直接過海的方案去重新規劃和興建沙中線。今天我們樂見沙中線形成一個簡單的南北和東西走向的直達網絡，南北走廊由東鐵連接羅湖經沙田過海至金鐘，東西走廊由西鐵連接屯門至馬鞍山，成為屯馬線。」他微笑着說：「這個沙中線最終落實的方案，符合RDS 2000減少換乘，增加直達線路的構想。沙中線這名稱在南北走廊完工後，可能會成為歷史，但南北走廊將成為香港首條從港島接通羅湖邊界的直通鐵路。我在九鐵定案前促成九鐵在沙中線線路上的修改，這或許是我對香港鐵路網絡佈局的一點小貢獻吧。」

絡，對鐵路一片情深，雖然已不在其位，還對鐵路進一步發展抱有期望。

在訪問結束時，他說：「集體運輸系統在城市發展的重要角色早已非常明確，香港鐵路亦已經發展成一個完整、有效和方便的網絡。香港鐵路的未來發展，有幾個方面的問題或可以進一步釐清:-

首先，除了在技術層面要繼續創新之外，要考慮軌道運輸和其他公共交通系統的整合，提升運輸系統的可靠性和可持續性 (reliability, resilience and sustainability)，而可持續性就要視乎投資的成本和效益，基本上是一個運輸體制的課題，必需重視；

第二、在鐵路的投資上，過去鐵路公司採用「建造、擁有、營運」(Build, Own, Operate, BOO) 的模式，承擔新鐵路的建設和營運管理，近年，政府在投資沙中線和跨境的區域快線時，放棄了BOO模式，採用公務工程方式，這是個很根本的改變。過去，政府是注資，現在是出資，過去，鐵路公司需要有一個做生意的計劃，要承擔財務責任，現在鐵路公司就只是一個承辦商，不承擔財務責任；

第三、在如何完善體制的問題上，除了BOO模式外，香港鐵路系統由單一機構，還是兩家或多家公司分擔，以達致管理效率和具市場競爭的平衡，這關乎政府和公營機構在鐵路發展的角色關係，是很值得研

究的，亦是很基本的課題；

第四、政府除了籌劃和興建鐵路，對鐵路安全營運當然有責。監督鐵路安全營運的責任，應該由一位富經驗的鐵路專家（鐵路總監）獨立運作，這是要確保在鐵路安全營運上，政府能夠得到獨立的專家意見。」

麥齊光認為成功落實以鐵路為骨幹的的集體運輸系統，標誌着城市發展的水平，而有效的鐵路營運，不單顯示科技卓越的應用，或財務管理的能力和技巧，更為市民提供適切及多元化的運輸服務，它着實表達一個城市日常運作的方式，和市民生活出行的習慣和期盼。

他深信保持城市運輸交通暢通 (Keeping our City Moving)，是香港運輸政策的目標，亦是鐵路運輸發展最簡單明確的前路。

4.2 沙中線的滄桑

沙中線這名稱隨着屯馬線和東鐵至港島線在2021及2022年啟航消失。但這名稱從1998年至2022年規劃及建造時使用，經歷許多滄桑，值得一記。

2021年6月27日屯馬線全線開通，這條建造經年的東西鐵路線(沙中線東西段)把土瓜灣，馬頭圍和紅磡等舊區連接到整個網絡，同時讓新界東和西經南九龍連接起來，大大縮短兩區的時間距離，市民無論上班、上學、消閒、購物都會擴展了活動範圍，讓選擇何處是吾家的彈性大大增強。

屯馬線是沙中線的其中一節，其餘一節是東鐵至港島線，這條南北走廊亦於2022年全線通車，沙中線從2000年港府由宣佈建造始，經歷港府鐵路發展策略的變更，同時揭露港府和港鐵的管治缺失，導致港鐵高層問責去職，回顧沙中線的事蹟可發人心醒。

沙中線緣起

沙中線是在1998年展開的第二次鐵路發展策略研究(RDS-2)[56]中提出的，2000年獲特首會同行政會議接納，2001年，港府讓地下鐵路公司(地鐵)和九廣鐵路公司(九鐵)競投興建及營運，九鐵建議自行出資

---

[56] legcobr.pdf

及安排借貸興建整條鐵路，政府不用分毫，這建議遠勝地鐵。2002年6月，政府宣佈九鐵中標，九鐵會按RDS-2的建議，於2011年建成投入服務[57]。2004年2月，九鐵籌備沙中線如火如荼之際，政府卻突然宣佈要求兩間鐵路公司研究合併的可行性，但實質是地鐵吞併九鐵，政府聲稱合併是要確保沙中線的轉車安排可以暢順。其時兩鐵對合併並不熱衷，港府卻在沒有進行公眾諮詢的情勢下，決意把兩鐵合併，新公司中文叫香港鐵路有限公司(港鐵)，英文名稱仍用MTRC。2008年，港府完成修例，港鐵正式吞併九鐵業務，九鐵持有的東鐵和西鐵的資產租給港鐵營運，成為純粹的收租公司，港鐵每年向九鐵交租。合併令沙中線的建造完全停頓，港鐵不承擔九鐵中標的合約條款，推倒重來。港鐵最不願承擔財務責任，要求港府出資。而港府屈於情勢，最終決定以服務經營權模式全資興建沙中線，並委託港鐵設計興建及營運沙中線。

沙中線項目逆轉成大錯

港府完全接受港鐵的要求，並無交代原因。不過，觀乎當時的情勢，港府並沒有時間和港鐵周旋去詳細計算沙中線的財務可行性，採用地鐵年代的物業補貼鐵路的發展模式。事實上沙中線沿線站頭可供發展上蓋物業的地皮不多，只有啟德站可供大規模發展，但啟德站土地用途早已規劃，因此採用原有地鐵的財務安排，港府也必定要大幅注資，

---

[57] tp_rdp0107cb1-609-5c.pdf (legco.gov.hk)

沙中線各西鐵線的名字在2022年隨着屯馬線和東鐵線過海段開通而雙雙成為歷史

還要計算這個財務缺口，才可決定注資金額，又要說服立法會議員同意，談何容易。再者，政府一直向市民承諾兩鐵合併不會影響沙中線的建造；在民心不能失的主導考慮下，港府採用了服務經營權的決定，就埋下了對沙中線建造工程失控的伏線。根據這服務經營權的安排，港鐵不單不承擔財務責任，還按項目支出總額的百分比，向港府收取費用。

沙中線的確歷盡滄桑，名稱為何不能像其他鐵路線一樣，從建議、建造至營運一以貫之，而是最終名稱被摒棄，走進歷史？原因是港府對沙中線走線決策不停轉變。原先，第二次鐵路發展策略研究建議的沙中線由沙田大圍直往中環。中環站設於政府山，過海後在維多利亞公園設站。維多利亞公園方案會帶走許多過香港島東的乘客，對巴士營運造成極大衝擊。把過海向東或西的乘客搶走，導致鐵路和巴士市場佔有率嚴重失衡，可令巴士嚴重虧損，這是港府不願見到的。最終，維多利亞公園連接銅鑼灣站方案沒有落實。而由於政府決定把總部搬出政府山，沙中線總站設在政府山已無意義。

沙中線走線另一重大變動產生了今天的屯馬線。沙中線原本只是南北走向，是東鐵的延伸，港府應該可以不經招標，直接讓九鐵一力承擔。但走線一出獅子山，就進入了地鐵的王國，穿越地鐵幾個轉車站，包括鑽石山站和金鐘站，那就不可能視作東鐵的延伸，而需要由兩鐵公開競投。九鐵最終贏得了這次投標，有權對標書的路線作適度修改，

以符合自己最大的利益。當時九鐵擁有東鐵，服務東九龍；又有西鐵，服務西九龍。九鐵為在 2011 年完成沙中線，做了一個十分明智的抉擇，在 2004 年 2 月，把沙中線分為兩截，匯入東鐵和西鐵，即把東鐵和西鐵伸延，東鐵由羅湖直插中環，形成一條長長的南北走線（其實名稱改為南北線或者金羅線，可能比沿用東鐵線更適合）；西鐵連接屯門及馬鞍山，即新界西東兩頭，成為屯馬線[58]。這一改動大大簡化了兩條鐵路的交匯點，即紅磡轉車站，令設計和施工都容易了，而乘客轉車也方便簡單了。亦由於此，把沙中線和西鐵線的名稱推入歷史。

港鐵吞併九鐵以後，沙中線由港鐵承擔重新設計、監工建造及營運。當時港鐵承諾 2010 年動工，東西走廊及南北走廊會在 2015 年和 2019 年完工。市民對港鐵寄予厚望，期望憑她過往發展地鐵的豐富經驗，能準時按預算金額完成沙中線。但港鐵卻令人大失所望，九鐵原本承諾 2011 年完工，港鐵則一而再、再而三延遲完工日期，最終要到 2021 年才完成屯馬線，南北走廊要到 2022 年才通車。大幅延誤令市民失望，失望不是由於宋皇台站發現史蹟要保護，而是港鐵的工程管治一塌糊塗。2018 年 5 月，傳媒報導沙中線一系列工程缺失，包括紅磡站月台鋼筋被剪短，土瓜灣站有牆身及會展站有挖掘深度不按圖則施工等[59]。這些報導揭發承建商自把自為，為趕工而可能偷工減料或做了不當行為。大量工程報表缺漏，工料不清不楚，而負有監管責任的港鐵則無法確認施工能否符合規格，結構是否安全。港鐵的缺失實

[58] Microsoft Word - c_tp_rdp0105cb1-574-1-c (legco.gov.hk)

[59] tp20180831cb4-1514-3-c.pdf (legco.gov.hk)

在太嚴重，連工程界也無法理喻。市民和立法會議員質疑這些違規趕工的胡作非為是否得到港鐵工程總監默許？而運輸署及路政署作為政府代表有否盡職監管港鐵？

港府監管失效實是責無旁貸，當時決定以雷厲的手段撲火，挽回民心。一要追究責任，煞停歪風，繼續推展耽誤多時的工程；二要確保已進行的工程安全，要求發現不安全的就馬上補救，讓列車安全運行，讓乘客安心乘車。按此，港府在2018年6月成立由夏正民法官任主席的調查委員會進行調查，聆訊所有相關人士，追究責任。為挽回公眾對工程安全的信心，港府又成立一個由退休官員組成的專家顧問團，檢討港鐵工程項目管理系統及提出補救措施；同時勒令港鐵對懷疑有問題的工程進行全面檢測，對有問題部份進行鞏固。

港鐵對沙中線工程監管失效最終導致港鐵五名高層離職。根據時任港鐵主席馬時亨於2018年12月供稱[60]，政府要求行政總裁梁國權、工程總監黃唯銘、三名沙中線工程總經理李子文、胡宏利和黃智聰離職；馬時亨本人亦兩度向行政長官請辭。

港鐵工程團隊犯下彌天大禍，不單是工程無法預期完工，更無法按預算管控支出，一而再、再而三要求政府增加撥款，為嚴重超支找數，被視為工程界之恥。2002年，九鐵投得沙中線，不需港府付一分一毛；2008年，港鐵吞併九鐵，港府要採用服務經營權模式全資建造沙中線，

---

[60] 馬時亨：政府要求港鐵五高層離職 | Now 新聞

預算374億。到2012年，經過港鐵詳細研究，港府預算調升至798億。2020年，預算再上調至908億[61]。預算上調部份原因肯定是由港鐵的過失引致，市民質疑港府要付上調的支出，還要支付港鐵增加的項目行政管理費，殊不合理；港鐵簡直是搶納稅人的錢，完全不可接受。

銘記大錯的教訓

港鐵工程團隊為何犯下如此大錯？工程界估計可能是過度自信，導致領導層專橫跋扈，自以為是，自成王國。當時工程總監黃唯銘更是香港工程師學會主席，進身殿堂級人物，鮮有人敢挑戰他。承建商「禮頓公司」亦是行內大哥大，大得不能倒的公司，對於政府的繁文規則不放在眼裡。所謂驕兵必敗，港鐵高層大撤換，禮頓被罰在一段時間不得投政府工程，這是血的教訓，港鐵及工程業界必須銘記。

港府同時犯下兩度判斷失誤，一是以簡化沙中線轉車為由，要求兩鐵合併[62]，導致沙中線由九鐵承造變成由港鐵承擔。二是決定採用服務經營權模式讓港鐵建造沙中線。這兩大失誤導致納稅人由不需付分毫而要支付908億或更高的建造成本。以及沙中線不能如期在2011年落成，而要分階段至2021年及2022年落成。這同樣是血的教訓。

港府可能對兩鐵合併恨錯難返，現時面對港鐵壟斷之局對政府決策形成極大約束，再進行鐵路發展策略研究又似乎純為港鐵服務，任何新

---

[61] tp_rdpcb4-47-1-c.pdf (legco.gov.hk)

[62] 2007年12月曾任九鐵署理行政總裁的黎文熹出版《九天風雲》詳述兩鐵合併因由

鐵路建議只能讓港鐵承造。而港鐵以審慎商業原則承接項目，當回報率不達標，就不願承擔財務風險，要求港府注資或全數埋單。雖然港府不時要脅會引入競爭者，市民及港鐵都當作耳邊風，因為港府是港鐵的最大股東，那有自殘的道理？可能港府唯一的自救就是成立鐵路署，檢討對鐵路發展和營運的全盤監督，提升港鐵更積極符合對環保、社會責任及有效管治[63]的承擔。

---

[63] 現時全球都倡導大企業提升環保、社會責任和管治能力 (Environment, social and governance, ESG)。

4.3　西鐵的滄桑

2021年6月27日凌晨5時50分屯馬線正式開出第一班列車，接載乘客，港鐵主席、總裁和一眾領導聯同久候的列車迷歡呼，為這條全港最長(56公里)的鐵路開通而開心。大批民眾特別到宋皇台站登車，試新車的同時看古蹟。港鐵及民眾慶祝新線誕生的一刻，西鐵線和馬鞍山線就併入屯馬線，名稱停用，進入歷史。不過，西鐵歷史饒有趣味，值得一記。

西鐵線的緣起

西鐵線是政治產物，原本是西部走廊鐵路的一條支線，主線直穿落馬洲跨境，但中英在香港過渡期爭拗，鐵路不得過境，只能進入屯門。而當時建造和營運鐵路，都採用鐵路加物業發展模式，偏在西鐵摒棄不用。鐵路加物業發展一直是地鐵發展成功要素，建造鐵路系統不單不用政府補貼，還年年賺錢，政府收息，從中獲利！物業加鐵路發展模式成為鐵路發展的楷模，全球政府艷羨不已。摒棄行之有效的模式，因何緣由？在西鐵進入歷史的時刻，值得為它寫墓誌銘，讓歷史不被淹沒。

西鐵是1994年《第一次鐵路發展策略研究》建議的一個項目，原名為

西部走廊鐵路，有三條線，一由西九龍經錦田往北經落馬洲過境，二由葵涌貨櫃碼頭共用路軌過境貨運線，三由錦田經元朗至屯門北區域支線。港府計劃1996年動工，2001年開通。當時，末代港督彭定康當政，與中方在過渡期安排爭吵不休，堅持落實政改方案，中方極為不快。港府提出要建跨境客貨運鐵路，促進人流物流，疏導羅湖日益超負荷的關口以及大大提升跨境貨運效能。中方認為這是港英政府為光榮撤退而作的政績工程，繼新機場十大核心工程再添一項，會花光香港儲備，因此斷然拒絕合作，令這條跨境客貨運線無法落實。不能過境的西部走廊鐵路，餘下只有進入元朗屯門的地區客運線，最終改名西鐵線。

西鐵線第一期計劃只到屯門北，地區民眾、區議員和立法會議員全力爭取，簽名運動、約見官員、在立法提議案討論，可做的都做了，但由於延至屯門市中心工程複雜，需加錢加時，港府未為所動。1995年屯門公路滑坡，有巨石從斜坡滾落倒塞馬路，導致屯門公路往九龍方向封閉兩星期，民怨激增。真的是天助民眾，港府最終決定順從民意，把西鐵線伸入屯門市。1996年12月港府接納九鐵的西鐵建議走線，授權九鐵展開工程詳細設計。1997年港英撤走，西鐵要由新政府發落。1998年董建華政府批准西鐵正式動工。經五年趕工和承辦商西門子醜聞[64]，西鐵於2003年12月通車。

---

[64] 西門子是全球鐵路系統有名的供應和承辦商，西門子獲得2億8,700萬元的電訊系統合約，但沒有如期送交和安裝付系統，原因是合約標價過低，九鐵要額外付款1億元予西門子，讓它趕工，即違約一方可得獎賞，成為工程史的醜聞。

在馬鞍山行走中的屯馬線7卡列車，隨客量增長，可加長至9卡列車。西鐵線名稱被取締。

不採用鐵路加物業模式

西鐵線有屯門、兆康、天水圍、朗屏、元朗、錦上路、荃灣西和南昌站物業發展潛力，完全可以採用鐵路加物業發展模式，讓這條鐵路可自行融資興建，發展上蓋，賣或租出物業以收回成本、補貼營運開支，以至營利。發展西鐵之前，地鐵的官塘線、荃灣線和港島線全部都是以鐵路加物業模式發展，政府只是批出鐵路發展營運權，以及以未發展土地市價批出車站上蓋給鐵路公司，自己就不動一分一毫，可以向市民提供鐵路服務，往後還可收鐵路公司利得稅和股東紅利。而鐵路公司把物業和車站作無縫設計，上蓋是住宅、寫字樓、酒店、商住大樓或綜合商場等，都可以讓這些物業用家出入安全、潔淨、方便、快捷，亦可以令車站多姿多彩，吸引人流。人流就是乘客，有乘客就有源源不絕的收入。這安排港府是坐享其成，本小利大；又能提供極大自由度和誘因，讓鐵路公司的生意奇才可盡情發揮，管理好鐵路營運的同時，又可賺得就賺。乘客在坐車之餘，可在車站順便購買日常用品，食物、報章雜誌、以至衣服、化妝品等等。鐵路加物業發展方案可謂多贏。但這多贏方案卻沒有在西鐵採用，的確奇怪。

西鐵得不到港府眷顧，很大原因是港府把西鐵授權給九鐵建造營運。九鐵是政府全資擁有，雖然在八十年代由政府部門轉為法定機構，除營運鐵路外，卻沒有其他商業營運的經驗，更沒有物業發展的履歷。

果真如是而放棄鐵路加物業發展模式，港府的決策顯然失誤。結果是西鐵在2003年開通，到2021年，可發展的車站上蓋一個都未完成，原設計可用九卡列車的載客量，開通以後多年只用七卡車，更被罵「大白象」工程。港府當然知道鐵路客源來自上蓋物業，原計劃適時發展西鐵上蓋物業，但2003發生「沙士」，樓價大跌，為表示港府有誠意救樓市，就叫停全部西鐵發展上蓋的前期準備工作。西鐵被犧牲，西鐵站上蓋物業沒有適時發展，導致乘客量在開通一段時間不足，亦加深其後香港房屋短缺的問題。

應記取教訓

西鐵已逝，但必須記取政策失誤的教訓，一是政府應以民為念，不應為政治爭拗而犧牲市民利益；若當時跨境線得以接納，西部新界可直接用鐵路過境，大大疏導羅湖負荷，很大可能不用建造極具爭議的上水至落馬洲支線，或有時間尋求很好方案。二是因小失大，因未知九鐵能力，而拋棄行之有效的鐵路加物業發展方案，讓市民、鐵路公司和港府繼任人陷入三輸局面。

4.4 東鐵九卡車悄悄啟航

東鐵九卡列車悄悄啟航，沒有拷鑼打鼓，大有學問！

2021 年 2 月 6 日東鐵啟動列車更新，九卡車的列車正式投入服務，逐步取締行走逾百年的十二卡列車。九卡列車有別於港鐵沿用的八卡列車，從數字聽起來，九也好、八也好，都是好意頭；九字寓意長長久久，但願啟航後，平安過渡百年。過往，新線啟動或新列車啟航是鐵路公司公關大員大展身手之時，安排啟動儀式，港府官員和鐵路公司頭頭都會慶賀一翻，舞獅舞龍，斬豬頭，坐上第一輛新車，祝願順風順水；記者們也湊熱鬧，大肆報道，讓市民了解新車特色，增長知識。這些都俱往矣！不知是否因新冠疫情的緣固，九卡列車低調的啟航。

悄悄起航的因由

東鐵九卡列車悄悄起航，揭示了管理層變得謹小慎微，害怕出錯，害怕面對傳媒和公眾的責難。同時也揭示負責高官也是多一事不如少一事，懶得在公眾場合出現。但領導們可能忽視了搞場『大龍鳳』的背後意義。其實啟動儀式的『大龍鳳』不單用以表揚工作團隊為新系統日以繼夜的工作辛勞，也要讓公眾理解轉換系統的意義。簡言之，『大龍鳳』展現領導人把團隊和公眾放在心中，一則對團隊的工作肯定和感恩，二則對領導層自己的決策感到自豪並樂於向公眾交代，建立公

眾對公司的信心。當然，新冠疫情肆虐是不搞『大龍鳳』的好理由。不過，以今時的科技，搞『雲』慶典都可以堂而皇之，以表達感恩和自信心。

為什麼要向員工感恩？因為更新列車和鐵路控制系統殊不簡單，它要求員工在指定時間內走出安樂窩，去掌握新事物；認識和操控每件新構件的特性、運作和維護、訊號和訊息軟件的繁複操作程序、中央控制室和車站車箱的指示和溝通。員工要不眠不休，進行千試萬試，確保以千以萬計的構件組成的系統，不能出錯。出錯了，不單要翻箱倒籠找原因，迅速更正，還要受責備，寫報告，檢討交代。事實上，東鐵這個西門子的系統的確曾經出錯，發出錯誤信號，令列車入錯軌道，測試被迫暫停，幾經周折，修正又修正，測試又測試。新列車和新系統方能投入服務，工作團隊的確搞盡了惱汁和流了不知多少汗水，迎來的是有辱無榮，他們的EQ(情感指數）一定過百，值得欽佩！

為何領導層應對更換列車和系統表現自信，面對公眾？有人質疑現時用上百年的十二卡車好好的，為何花錢更換？換來短了的九卡車能有足夠運力嗎？是否上下班時間要等更長時間？這不單是領導官員和港鐵公司管理層應回答的問題！更是他們應以自豪的信心去回答的問題。

九卡列車如何比對十二卡列車？

十二卡列車看似好好的，但在東鐵彎彎曲曲的舊月台上，並不安全，

有人和物品經意或不經意的墮軌，輕則受傷，重則死亡，列車服務受阻。事實上，這種情況東鐵時有發生，乘客怨聲載道。墮軌最多在月台發生。最簡單的方法，當然是在月台建幕門，防止墮軌。但東鐵的紅磡站、大學站和羅湖站月台不是全直的，頭尾彎曲，在車頭車尾上落，都要跨大步。若建了幕門，乘客看不見必須跨大步方可安全上落車，那就更危險！鐵路公司曾在羅湖站測試伸縮踏板，列車到站時踏板會自動彈出，填補月台和列車間的縫隙，確保乘客安全上落列車。但測試並不成功，這些自動伸縮板會有機械故障，又產生問題。餘下唯一的方法是縮短列車，避開月台彎曲的兩端；九卡車就可停靠在月台中段筆直的部份，然後就可建幕門，解決墮軌難題，長治久安。

人們擔心九卡車運載乘客量不及十二卡車，這純是直覺，九當然比十二少。但試想想，每日『少吃多餐』是不是會比『一日三餐』的食量少？當然不是。因為十二卡車由於長一些，停車時衝力大，前車和後車的差距要長一些，保證緊急煞車時不會追撞，因此，最短車距只能約是四分鐘一班車。而九卡列車短一些，最短車距可以縮短至約二分鐘，每小時運量不會比十二卡車少，乘客候車的感覺是車的班次密了，等候的時間短了，不用衝車門了！

東鐵九卡列車啟航是時代的進步，同時反映領導層心態的變更，但願領導層仍會把人的因素銘記於心，為人民服務才是初心。

4.5 鐵路票價可加可減

港鐵的票價可加可減機制可謂奇妙,簡直是天才之作;港鐵運用得神乎奇技,嘆為觀止!港府安坐在這神級的盾牌下,擋住了許多箭(即許多批評)。

票價可加可減機制奇妙之處

港鐵在2021年3月29日宣佈根據可加可減機制會於6月27日開始下調1.7%[65];港鐵又會落實抗疫舒困措施,為用百達通及車票二維碼的乘客在4月1日開始提供優惠,讓這些類別乘客可享5%優惠,為此,港鐵要動用超過9億元。過去兩年應加未加的票價調整會按機制延後。

港鐵創造了幾個第一:
港鐵有史以來第一次減價;
港鐵有史以來第一次同一時間宣佈票價調整和優惠措施;
港鐵有史以來宣佈減價而實質加價!
港鐵有史以來不同時處理加減,而是分開處理,先減,後加!

票價可加可減機制的由來

票價可加可減機制是2008年開始。當年地鐵吞併九鐵(政府叫兩鐵合併,之後的名稱沒有了KCRC,就叫MTRC),政府就讓港鐵可自動調

---

[65] www.mtr.com.hk/archive/corporate/en/press_release/PR-21-019-C.pdf

整票價，不需要和巴士、電車、小巴、的士、渡輪等公共交通一樣，加價要向交諮會、立法會、行政會審批，等待權貴高官發落，有時等到頸長都未有結果。票價可加可減機制讓港鐵掃除這些不可預測的因素，保證沒有政治干擾，只有經濟的考量，為港鐵提供上市有利條件。

票價可加可減機制就只靠一條數學方程式，只納入經濟參數作運算，反映人工、物價、和生產力（包括創科提升效率，可不增人手下做多點生意）的變動。即人工物價升了就加價，反之就減價。而提高生產力就讓乘客分享；即減價。方程式採用的參數都是政府公佈的，不讓港鐵自把自為。每年大概三月，政府公佈綜合消費物價指數及運輸業名義工資指數的變動，公眾都可以自行計算港鐵票價的調整幅度。正是冇花冇假，十分透明。

港鐵用盡票價可加可減機制積民怨

票價可加可減機制從2008年實施以來，一直只有向上，未有出現向下調。香港是福地，經濟一直向上，直至2020年戛然而止，經濟向下行，這些人工物價指數出現負值，導致港鐵有史以來第一次減價。不過，若果嚴格跟隨方程式運算只得負1.1%；未達±1.5%觸發票價調整門檻，再加上特殊調減0.6%，令減幅達1.7%，超過1.5%，讓港鐵在疫情中有佈施的機會。但是減1.7%實在太寒酸，不得不挖盡心思，令減價可以好看一點！

港鐵以往年年賺大錢（以百億元計），但年年還是根據可加可減機制加價，市民很大意見。每年3月宣佈加價，一直罵到6月。市民認為港鐵賺到盡，無良心。港鐵每年都在罵聲中，宣佈提供一籃子優惠，包括都會票、各類月票、學生票、長者、小童、殘疾人士特惠票、早晨優惠、轉乘優惠、八達通乘搭十送一等等，通常總值不超過10億港元。港鐵聲稱全部加價的額外收入都加料奉送，但往往給市民一種「唧牙膏」的印象。年復一年，港鐵都無法扭轉這種負面印象，因為港鐵先要知道加幅之後才去設計優惠套餐，似乎加價得到的額外收入就是優惠的上限，因此永遠慢幾拍，一直無法在宣佈加價時，同時宣佈優惠套餐。而港鐵往往讓市民感到，要越搭得多港鐵才可得到越多優惠，所謂優惠是港鐵的推廣費多於真的優惠乘客！港鐵今次破天荒一併宣佈優惠套餐，把減價幅度1.7%加料減至5%（九五折），真的是好看多了。今次可以破天荒一併宣佈優惠套餐，可能是沒有了優惠上限的考慮。

票價可加可減機制讓港鐵年年加價，市民怨聲載道。民選的區議員也好，立法會議員也好，得為民請命；一直認為這個機制沒有照顧市民的承擔能力，其他公共交通申請加價，都要考慮市民的可承擔能力，往往都會被削減加幅。唯獨港鐵享有豁免權，不需要考慮市民的承擔能力。多年來票價可加可減機制遇上龐大民眾壓力，政府檢討又檢討[66]，結果是自動計價的方程式不變，只能作小修小補，回應

---

[66] www.legco.gov.hk/yr19-20/chinese/panels/tp/papers/tp20200424cb4-467-3-c.pdf

市民可付擔加價的質疑。2013年港府檢討加價機制，要求港鐵加價不得高於家庭每月收入中位數變動的幅度，又加入「分享利潤機制」，即港鐵有基本業務利潤時，將部份盈利撥作票價優惠（假如利潤100-110億就撥2億元）；2017年檢討，增加「服務表現安排」，即港鐵服務延誤罰款撥作為票價優惠。這些小修小補，增加了票價優惠，但基本票價還是增長！市民堅持要求港鐵倒不如直接減價。

票價可加可減機制經過了十多年，2021年終於第一次出現減價，減1.7%，再加上種種盤算，可以減5%。但是2021年4月1日開始，乘客感受到的並不是減價，而是加價。因為自從2020年7月1日起，港鐵在政府的要求下，為抗疫減民困，推出「程程20%車費扣減」優惠，讓乘客享受八折車費，如今港鐵撤回八折，只提供九五折車費，所謂減價就變成了加價約15%，減價變成加價，真的奇妙！市民當然罵聲四起，對港鐵的怨氣，又增加一重。

港鐵的確是機關算盡，嚴格按照2008年票價可加可減機制的話，調整幅度只有1.1%，低於啟動票價調整1.5%的門檻，不能調整票價，只應該抵消累積了應加未加的增幅（2019/20年2020/21年累積了約2.85%）。港鐵如今製造減價，留待日後追回加幅。這樣做，固然對港鐵股東產生最高利潤，但就加深了民眾對港鐵賺到盡的惡劣印象。

2021年港鐵提出0.6%特殊調減加入方程式，讓原本1.1%升至1.7%，

超出啟動票價調整門檻的1.5%，原來這是按照2017年機制檢討結果，把「生產力因素」的0.6%扣減歸零；即是港鐵以後因提升科技或管理技巧而獲益(包括不增成本而多載客收入)不會再和乘客分享。換來的是五年（2017-2022）0.6%「特殊扣減」。再者，今次減價和累積的加價不能抵銷，因為抵銷的結果會是加價，超出可負擔能力上限，檢討後的機制下不容許。這樣的安排令乘客欠港鐵的債更重！到經濟稍好，負擔能力上限（家庭月入中位數按年變動）調升，乘客就要還債，港鐵就可加價，受益更大。

港鐵真的神乎其技，能夠說服港府，把調整方程式中必須讓市民獲利的扣減永遠刪除！為股東爭取最大利益。港府作為港鐵的大股東，但又要照顧市民的利益監控票價調整。市民質疑角色嚴重衝突，難平衡兩者利益，不無道理。

港鐵真的為股東盡心盡力，用盡每次機制檢討的機會，測試過所有可能出現的境況，提出正負不能抵銷的安排，為股東爭取最大利益。港鐵的股東（包括最大股東香港政府）理應鳴謝港鐵管理層。

市民期待政府檢討票價可加可減機制能針對可承擔能力，提出紓緩措施。港鐵的才俊竟能夠施展神乎奇技，利用每次檢討的契機；把機制搓圓撳扁，成功爭取他們的完善方案，為股東爭取進一步利益。而表面上，港府就有多一些加價上限指標，歡天喜地向市民交代，正是各取所需，最終市民卻往往失望而回。2022年，政府又正對票價調整機

制進行第三次檢討，結果已是寫在牆上。

消除民怨之道

港鐵挖盡心思去賺錢，是克盡己責，無可厚非。但如何與全世界大潮流ESG(環保、社會責任、管治)睇齊？可能要加把勁了。作為香港人的鐵路，若果能讓香港人分享賺錢的喜悅，必會消減市民的怨憤，市民甚或會為港鐵的表現自豪；扭轉乾坤的契機在港府一念之間。港府投資港鐵賺錢是一項成功的決策，若果港府念及代表市民持港鐵股份，或者念及不在提供交通服務賺錢，那麼，把每年從港鐵得到以十億計的分紅，提升公交服務或直接回饋民眾，有針對性的援助不能承擔加價的群組，港府就不需要檢討又檢討票價可加可減機制，與港鐵周旋，落得民怨日深；反而得到市民拍爛手掌感激流涕，更能成為全世界爭相學習的良好典範！

香港鐵路有限公司票價調整機制：
票價調整機制自 2007 年兩鐵合併後開始採用，根據票價調整機制，港鐵公司根據一條直接驅動的方程式調整票價，而不須政府批准。
方程式如下：

整體票價調整幅度 ＝
0.5 × 綜合消費物價指數變動 (之前一年的 12 月)
＋0.5 × 運輸業名義工資指數變動 (之前一年的 12 月)
－生產力因素(2017-2018 年度至 2022-2023 年度的設定值為 0%)

五、巴士

5.1　九巴前總工程師沈乙紅談巴士

每次和沈乙紅先生交談，都如採礦尋寶，必有收穫，增長對巴士的知識，甚有滿足感！

沈乙紅先生是資深的機電工程師，八十年代初入職九龍巴士公司(九巴)工程部，一做三十多年，由實習工程師做起，退休前升任至總工程師，是九巴的幾朝元老，負責巴士的設計、購置、裝嵌、驗測、維修、保養等。巴士營運最重要是提供可靠服務，每部車輛能不間斷運作，最好不在營運時壞車，不脫班，不影響接載乘客，甚或在繁忙時段能多走幾轉，儘量多接客，多賺一毫得一毫，這個工程部門才可衡功量值，才能持續。新巴士要做到不壞車，不停運作，應該不難，但九巴有好幾千部車輛，難免有「老爺車」，要做到全支車隊都能開動，分分鐘接載乘客，談何容易！要確保機件不壞之外，還得確保乘客安全和舒適，就難上加難。乘客無論坐或企，巴士在任何境況下，乘客都安全或最少傷亡。無論春夏秋冬，巴士車箱都要保持溫度和濕度，讓乘客感覺舒適。退休後的沈乙紅可以自豪的說：「我全部要求都做到，而且為全球城市巴士做出典範，許多方面都第一，尤其是以私人營運方式做出成績！」。

九巴能賺利，旗下巴士必需毫不間斷接載乘客，載客越多，賺利越高。不過，在地鐵、小巴、的士或其他巴士公司競爭下，九巴要招徠及穩住乘客，班次必需可靠，車廂也必需舒適。沈乙紅的使命就要確保巴士質素，出車率越高越好。車輛買了回來，若果開不動，成為死車，放在維修廠，不單花人力物資修理，還要廠房放置，簡直就是倒米。沈乙紅在入行初期(1982年)記得很清楚人老細問：「點解我地九巴啲車比中巴(中華巴士有限公司)新，而我地在隧道的壞車率同佢地差唔多？」。一個簡單質問，大家差不多要攞廁紙抹眼淚。工程部不斷思考這問題，花上以十年計的時間，才能找到答案，逐步跳出了維修巴士的框框，形成一種防範於未燃的觀念，從積極參與車輛設計入手，不斷改進。今天回首，沈乙紅非常自豪並朗聲地說：「我加入九巴時出車率是不到80%，到我退休時，出車率提升至93.5%。」

在沈乙紅掌管工程部的年代，九巴並不是簡單的一個用家，從車廠買巴士來用；而是伙拍車廠，共同研發一代又一代的巴士，貼合乘客的心意，讓乘客坐在一部價值幾百萬的巴士上如同置身在同等價值的房車中。沈乙紅建立起九巴車輛的信譽，舒適可靠；同時，建立起自己在巴士廠和巴士公司同業的信譽。香港其他的巴士公司都一致採用九巴用的車輛。沈乙紅在行內和眾多巴士廠備受尊崇。

九巴前總工程師沈乙紅畢生與單層或雙層巴士結緣

經營巴士的竅門

講起巴士，沈乙紅立即指出香港經驗是帶領全世界的：「為什麼全球的公共交通工具都由政府經營呢？因為是民生必需，但收費不能高，住在偏遠的客多，要營運公共交通若沒有政府補貼會很貴。香港是全球獨一無二的地方由私營企業成功營運巴士，連新加坡和澳門巴士都公營了，現在只剩香港，睇吓捱到幾時。」

沈乙紅滔滔不絕：「巴士這們生意涉及很多人力，要長期浸淫才懂得經營。一如當年九巴雷普照先生[67]就是經過長期浸淫，對巴士營運有洞悉力。香港不用政府補貼是由於香港條件獨特，人口密集，有車的人少，大部份人搭公共交通工具，而政府發展地鐵，尤其令道路交通暢順，也幫助了巴士運轉。過去幾十年，巴士能做得風水起，一是新市鎮發展，帶來龐大的新客量，二是空調，可增加收費，三是巴士由單層變雙層，載客量大增。同一個司機，接載的乘客量多了，而人工往往佔巴士營運成本的60%，雙層巴士就不用另聘司機，節省了許多人工。再者，繁忙時間客量最多，乘客不會等，必須有大容量車輛及時接載，而乘客又不願意太擠迫，最好能有空間，現在的雙層巴士更比以前的長了，可載客140人左右。巴士必須應付繁忙時間，才可賺錢。非繁忙時間就會減少出車量，節省成本。」

巴士運轉最怕塞車，政府必須要維持採取壓抑私家車的措施，在八十

---

[67] 1970 年 11 月起加入九巴，出任助理會計師，葵涌主件大修廠廠長，後任九巴董事、營運總監及車務總監。

年代採取一系列壓抑措施，但現在是否還維持這一政策，是一個疑問。有許多城市都採用電子道路收費，香港一直無法實行。再者，政府對車輛的環保要求提高，更取消了過往利潤的保障，又壓低巴士加價水平，沈乙紅恐怕巴士的經營環境已變。

要維持巴士營運，又能利用私營企業迅速回應市場的優點，沈乙紅認為：「政府可參考倫敦的做法。倫敦市政府採用投標方式，讓承辦商競投，提供標書所列的巴士服務，政府出錢買服務。承辦商不用理會巴士收費，政府自訂各種收費，包括給學生、傷殘人士、長者、學童及其他有需要人士優惠。巴士服務承辦商提供車隊、廠房、司機、人手等，服務表現要達要求，表現好的有獎，差的要罰。合約5年，表現好的延至7年，不好的就算了。車齡以12年為限[68]，採用了這方式，巴士營運商轉虧為盈，年報率平均達11%，政府有自由度回應社會要求，照顧民生，巴士服務承辦商只要有表現，就可有利可圖，政府要求增加服務或淨潔設備，全部政府出錢，無問題，皆大歡喜。」

若果採用倫敦模式營運巴士，香港政府會不會補貼越來越大，以至泥足深陷，沈乙紅不以為然：「政府都有可能賺得多過承辦商！是有機會的。」

「過往十多二十年，政府要求巴士公司加這些，加那些，根本無錢賺。有人抨擊九巴利用巴士賣廣告，利潤歸子公司路訊通(RoadShow)並

---

[68] 若香港政府考慮倫敦模式，可採用香港法例規定的巴士車齡，而不是硬性跟倫敦為12年車齡

不公道，其實九巴判廣告業務給路訊通是有收益的，路訊通作為判頭，有能力找到廣告賺錢，是它的能力。但現在路訊通都轉手了，沒有了這問題。」

改進巴士設備要找好伙伴

2018年在大埔發生一宗嚴重的巴士意外後，釀成幾十人死傷。政府發表了專家組報告，並作了許多建議，包括在巴士安裝防撞系統，監測周圍交通和司機的駕駛態度，有必要時自動剎車等。沈乙紅認為這些設備早就在歐洲的貨車上有，並不新鮮，主要是貨車生產量很大，當有需要，又有經濟效益就可以裝。但在巴士上是否適用，就要開發及測試，最重要是找到合作伙伴。「我找過歐洲主要的貨車和巴士生產商MAN(總部在德國)，他們主要生產單層巴士，但巴士這個市場，營運商大都蝕本，不會願意購置這些系統。這些防撞設備生產和供應商是否願意投資研發在巴士應用，主要睇投資成本效益」。

香港的巴士操作環境十分獨特，巴士要載客量特大，而天氣又熱又濕，許多道路斜又彎，不可能從廠家的貨單上，找到一部完全合適的巴士，直接買回來，落地就用。沈乙紅在九巴的畢生工作就是找合適廠家做伙伴，共同設計和組裝巴士，包括物色及測試適合香港操作的設備，在生產線組裝在巴士上。若果是巴士，必須要找英國老牌車廠Alexandar Dennis或Leyland (現已被Volvo(富豪)收購)。搞冷氣，

雙層巴士斜台測試

就要找日本豐田的Denso，豐田和其他主要名牌房車都用這牌子的冷氣機。

找到好東西，還要找好的巴士車廠做伙伴，願意安裝和測試。沈乙紅豪邁的說：「我不花公司分毫，廠家願意跟我一起試，若果要花錢，可能早就比上頭叫停許多項目。」九巴每年購置約300部車，加上其他巴士公司，香港每年購置約400部巴士，可以養起2至3間巴士車廠，而且訂購巴士是不間斷的，年年都有，不受經濟起跌影響，所謂長賣長有，其他車輛的銷售會因經濟狀況起跌。因此，香港的巴士市場對巴士車廠有吸引力，令車廠願意投資。「我攞車嚟試，喺唔駛收錢嘅！」

九巴和車廠的伙伴合作改進巴士對雙方都有好處，九巴出實地測試場地，出人手，試驗新設備或新巴士，收集乘客意見。成功了，九巴可採用改良巴士，而車廠有用家的支持，保證新產品符合市場需求，不單可賣給九巴，也可推銷到其他巴士公司。沈乙紅得意的說：「我有大數據，廠只知出車時的狀態，十年後，部車的表現如何？我知，佢唔知，佢叻得去邊？我寧願買性能較好，而維修保養少，可用的時間長，價格貴一點都值得！再由於我們的維修保養制度好，甚少向廠方申索保養賠償，廠方也願意用優惠價出售巴士給九巴。」

沈乙紅回想伙伴合作是慢慢建立起來的，初時是他找廠家，後來建立

了互信，廠家主動找上門，試新設計和設備。由於他不向公司攞錢，這種伙伴關係公司高層也不一定知曉，雷普照先生在位時由於時常和他一同出差，就知道多一點。沈乙紅利用這個伙伴協作的方式改良引擎、巴士的冷氣、巴士安全設備等等，雖然車輛有了這些改良設備會貴了，但若果不合作改良，想買也無法買得到，最終巴士會損失乘客。而改良是可以省回成本的，例如改良引擎及冷氣變頻省了很多油。「我接手時油缸是500公升，到我退休時減至300升，慳幾多錢？！」

巴士不一定高速就好，就可走快一點，走多兩轉。沈乙紅有獨特的見解：「九十年代初，城巴的老總李日新來找雷普照和我談，要求九巴支持他的建議，一起向運輸署提議把大嶼山機場巴士的時速上限提升至80公里(法例規定是70公里)，我不同意，因為提速省回少許行車時間，但對安全有負面影響，得不償失。我建議提升巴士起步速度性能，起步快，無論在那一個區域，新界好，市區好，回轉時間都有改善，亦可用少了車應付班次要求。之後，我提醒我太太，千萬不要在巴士起步時扒頭，危險呀！」。

巴士冷氣的奧秘

九巴改善服務的其中一項最大突破是在巴士上安裝冷氣，香港大熱天時，還要擠在巴士上，極不好受，乘客一度嘲笑無冷氣巴為『熱狗巴』。沈乙紅記得入行之初，1981年左右，九巴就開始嘗試在巴士安裝冷氣，

試了許多不同冷氣都不成功。當時九巴策劃經理Gorden Nelson鍥而不捨，試了又試，最初要用兩個引擎，在三輛巴士上試，不成功。後來引入豐田24座細巴士，又引入三菱的單層巴士測試，但雙層巴士還未得。尋尋覓覓一段時間，1988年才找到把豐田Denso冷氣安裝在Leyland (利蘭奧林比安)11米雙層巴士上，這是全港第一部單引擎冷氣巴士，才算成功。

成功引入冷氣雙層巴士後，開始累積經驗，不繼改進。起初，冷氣單純應付夏天炎熱的天氣，經過不繼改良，現在巴士上的冷氣，可應付全年任何氣溫，不單出冷氣，也出暖風，保持車內空氣流通、濕度和溫度。初期冷氣機，就只能是一個主頻率出風，效能不高，就如汽車只有一個波，若行車只有一個波，耗油量大又不順暢，汽車必須有波箱，不同波段，以至變頻，適應不同路面的境況，行車才暢順、省油。冷氣的原理一樣，必須要有變頻才有效率應付不同的空調需求，包括春夏秋冬、早午晚、晴天和雨天。沈乙紅認為香港並不是最熱的地方，新加坡和中東城市都比香港熱，但感覺就是香港熱得最難受，感受的溫度最高，八月，就算晚上在街上行也出一身汗。香港的問題是濕度高，隨時可以80%以上，中東的城市在晚上時約10%左右，70%濕度以下就會感覺舒適。香港用冷氣很多，但做得還不夠好，歸因是人們沒有足夠認識濕度的影響。沈乙紅提起個人經驗：「搞冷氣，首先要搞抽濕，我屋企夏天一定開抽濕機，濕度低，返到屋企無咁熱。」

檢查巴士內空調等設施及座位安全

家裡的冷氣需求不會太大，十匹機已經難以想像。巴士又如何？沈乙紅說：「巴士要四十匹！巴士載百多人，冷風負荷大很多。不過，四十匹是應付最高負荷，大部份時間都不需要最高負荷量，冷氣必需變頻應付不同的負荷才有效率。」巴士有冷氣，還要兼顧通風，因為乘客呼出二氧化碳會聚集，濃度會超出法定要求，必須引入鮮風加以稀釋。沈乙紅用畢生時間都是要解決這些一個連一個的難題，他回想都冒汗。他笑言：「我可以做冷氣師傅，可惜無人信我，我屋企買冷氣一定要變頻冷氣，有冷暖制，不用買暖風機，冬天，只開到19度，熱天晚上瞓覺只開27度。有好多人在寫字樓開冷氣着褸，但不是傻的，只是比冷氣搞傻，所以必定要揀啱冷氣，人會變叻。」

怎樣解決巴士上的通風和鮮風呢？沈乙紅清楚記得環保署的謝展寰副署長聯同理工大學的教授來視察，又找運輸署和九巴開會，陳祖澤和我招呼他們。謝展寰要求巴士要有鮮風，達到規定的鮮風量，沈乙紅認為在路上抽鮮風，尤其是隧道裡，會抽進氧化氮，會危險，他測試過巴士從馬鞍山到中環，開抽風時的氧化氮，濃度驚人。閂抽風就無問題。事實上，巴士每到站上落客，開門閂門有大量鮮風流動，根本不用另外抽鮮風。「我閂晒啲抽風口，引入一個高壓滅微塵的過濾系統，連菌都殺埋，已前要每星期洗隔塵網，而家每個月先清洗一次過濾系統，然後持續監察車廂內的二氧化碳的濃度，唔過法定水平，環保署就無符啦！若果只係聽佢地講開抽風，氧化氮就大鑊。」

沈乙紅不忘提醒一句，搞這些研發，改良巴士，讓香港乘客滿意，又要滿足香港法例要求，靠的就是九巴的工程師團隊。

人才培訓

九巴有實力伙拍車廠開發及改良巴士，靠的是工程部的人才，包括了沈乙紅。陳祖澤董事長上場時，計劃調整公司架構，有人向沈乙紅提出會裁減工程部的人，沈乙紅立即面見陳祖澤，詳細訴說工程部的工作，可讓九巴持續發展。而當時環保的要求不斷提高，正需要工程部的協助和創意。陳祖澤是珍惜人才的，他不會用剔減人才去節流，而是設法開源，找新的賺利機會，讓工程部同事安心工作。工程部的確不負陳祖澤所望，把備受環保署詬病的老舊巴士，尤其是淨化了歐盟前期至三期為數約千部的巴士，沈乙紅聯同廢氣淨化系統供應商安裝和測試這些系統，讓這些巴士達環保標準。沈乙紅亦聯同油公司測試和引入更淨潔和更有效能的柴油和偈油，不單省油，亦大量減少了清洗引擎時的廢油排放，做到環保、省油、省錢。

沈乙紅憶起九巴老上司蔡忠源先生[69]，認為他最有遠見，1973 年就開創學徒訓練課程，當時職業培訓局都未成立，蔡忠源 1980 年代又搞工程師培訓計劃。這兩項專業人才培訓計劃，為香港車輛維修業打下基礎。蔡先生本人是特許會計師，卻熱心培養工程師。專程去請英國特

---

[69] 1973 年加入九巴，1998 年退休前升至九巴副總經理

許機械工程師學會，申請核准九巴機械工程師培訓計劃，培訓九巴員工，沈乙紅是其中一員。他曾誠摯的向蔡先生說：「蔡先生，你是香港巴士工程師之父。」

的確，蔡忠源看到依靠山長水遠從英國飛來的工程師支援香港巴士運作，費時失事，再加上文化和言語的差異，技術支援必須自行解決，於是逐步培訓技術員和工程師。沈乙紅年代，九巴的工程師團隊有約20人，世界各地的巴士公司都不會養這樣大的工程師團隊，只會有一兩個工程師，應付車隊的機件問題。倫敦巴士在未重整前曾有許多工程師，重整後，裁減工程師，所有研發工作歸廠家，廠家埋怨超額工作，但都未達同等效益。因此，可以說九巴是全世界巴士公司獨有，九巴培養的工程師不單為九巴服務，其他巴士公司，甚至機電工程署和運輸署都挖角，全部都做得出色。

沈乙紅退休後，九巴的工程師團隊也逃不過被裁減的命運。

巴士維修保養

巴士車輛最緊要耐用，走一年的里數等於其他車輛一世，而越少維修保養越好，就算要維修，都不要影響出車率，即不要影響搵食。沈乙紅的車隊維修保養哲學是預防勝於治療，車輛出廠時質素要高，車價高一點也值得，小問題馬上修理，不等大問題出現。沈乙紅要求工程

檢驗巴士銷減廢氣和噪音設備

部撰寫幾千份維修指引，都是他審批的。沈乙紅十分自豪的說：「在我手上的車，廠方設計使用年限為18年，其中包含了各類定期維修。以前副偈都需要拆出嚟做兩三次大修，但在我接近退休時，已經陸續有巴士用了18年，副偈都未拆過出嚟做大修，副偈使用性能與新車差異不大。」

有人以為國內出產的巴士便宜一些，可以一試。沈乙紅認為國內巴士設計壽命只有8年，但懷疑車輛質素水平。他問過德國車廠，能不能出產巴士，壽命減半，價錢減半，但車輛質素和現時提供給九巴的車輛一樣？他猶豫半刻，這根本無可能，若果得，老早絕殺全行，把競爭對手全數打垮。技術水平夠才有能力生產壽命較長的車輛，成本自然較高。

選擇高質素的車輛也不是貨架上就能找到，早期九巴向車廠買些可即用的車，可惜都不適用香港的環境，導致問題多多，九巴新車和中巴的舊車在隧道有差不多的壞車率，令九巴管理層沮喪，這正正就是蔡忠源先生問的問題，激發同事發奮思考。到採購雙層巴士問題更大，全世界能生產雙層巴士的車廠不多，但都沒有完全適合香港的型號。全世界都不會有試驗巴士型號 (prototype) 供九巴選擇，根本有錢都買不到心儀的車輛。若果要冷氣，它們掛一個上去了事，那就肯定唔惦。九巴要物色有實力可靠的車廠，聯同自己的工程師團隊和他們一起測試，以伙伴模式，提供實戰場地去試新車和設備，試到滿意。由於自

已有參與研發，日後要進一步改良或保養車輛，就無難度。九巴工程團隊設計巴士十分細緻，車窗玻璃要選擇不惹塵的，所有車內接口位置都要易於清理，方便每晚清潔。

在沈乙紅眼裡，巴士壽命多少無意義，最緊要是出車率：「我八十年代開始入行時，九巴出車率不到80%，我退休時，係93.5%。仲有，以前是單層巴士，現在大部份是12米長雙層巴士，有冷氣，複雜很多。」

前景

大約二十年前，進入電腦年代，有了大轉變。包括巴士在內的車輛機件受軟件控制，電腦三至五年就另一代了，要更新，但車輛的硬件跟不上，不能匹配，好麻煩。我還是不繼思考，應對的方法只能是調動車隊入手，一部份是主力車隊，一部份是非主力車隊。而廠家的領導和技術團隊代代更新，伙伴關係不一定能持續。當世代轉變，沈乙紅都往往要親自去廠監督生產，保證質量，經常出差，同事都會有怨言。當巴士公司人事變更，那就難保證伙伴合作了。

沈乙紅有點唏噓，但他認為巴士還是有得做，因為一定有乘客，但如何能維持成本效益，讓巴士公司有動力維持服務水平？要視乎政府的政策了。

5.2 巴士加價的考量

巴士加價起民怨

特區政府讓巴士公司在新冠疫情肆虐(2021 年)下加價超過八巴仙，等同劫貧濟富，要市民繳費救財團，市民極之無奈。許多市民認為在疫情重擊下，經濟不景，許多人承受減薪，甚或失業的痛苦，期望政府推出更多紓困措施，拯救蟻民於水火，而不是容許財團帶頭加價，令蟻民百上加斤，寸步難移。

不少市民一肚氣，埋怨：「財團有的肥得「連襪都着唔落」，政府還要劫貧濟富，這是甚麼道理？這是怎麼樣的政府？」

香港政府陷入兩難，一要照顧巴士營運商，二要照顧小市民。兩者利益往往有衝突，順得哥情失嫂意，不易取得平衡。而所以陷入兩難，有其歷史緣由。

確保公交服務政府責無旁貸

政府，不論是信奉什麼主義：共產主義、社會主義、自由主義、或資本主義，都會視提供公共交通服務給民眾是他們不可推卸的責任。大國如中、美、俄、加、英、德等；小國如瑞士、新加坡、越南、菲律賓、

北韓、尼泊爾等，富也好，窮也好，都會盡力提供公交服務，讓民眾可以外出返工、上學、社交、消閒；這樣，才可能有經濟和社會活動，社會才能運作。

香港政府算是世界獨一無二的，沒有直接提供公交服務。緣由是港英政府是英國人從中國借來的地方和時間建立起來的，沒有設想對社會長遠的承擔，一切安排都是按當時可調動的社會資源而作，見步行步。

私營巴士服務的緣起

港英政府在開埠初期並無久留之意，遑論有愛民若子之心。當時人口不過幾千，運輸以轎和人力車為主。1901 年建九廣鐵路是最大型運輸基建投資，鐵路並不主要為載人，而是載貨，把貨物從廣洲運到九龍尖沙咀，轉往貨輪帶走，完全是商業行為。港府當時沒有資金籌建鐵路，靠向倫敦政府借貸才把這鐵路建成。營運巴士也是利用民間資本，中華巴士有限公司(中巴)於1923 年成立在港島營運巴士。而九龍巴士公司(九巴)則在1932 年成立，在九龍營運。港英政府在1933 年發出專營權，讓這兩間巴士公司在無競爭下，分別在香港島和九龍及新界營運，港府向他們承諾可以超過十巴仙的投資回報率(所謂合理回報率)收取乘客車費，以吸引這兩間私人財團投資。

1960 年，港府修例，把巴士專營權從地域改為路線，正式列明利潤管

制計劃及政府可委任兩名官員進入巴士公司的董事局，監管巴士公司的運作。隨着第一條海底隧道(紅磡至銅鑼灣)在1972年通車，中巴和九巴可在全港專營路線營運。而為增加競爭迫使巴士公司提升服務，港府在1991年批出第三個專營權給城巴，1996年又批出第四個專營權給龍運巴士公司營運。往後由於中巴營運不理想，港府又批出專營權給新巴，讓新巴和城巴接手營運中巴原有的路線。

推出專營權是成功的，港英政府讓巴士公司承擔提供公交服務責任，自己不花分毫，只監管巴士公司的收費和服務水平，的確聰明。

加價的考量

政府要求私人財團提供巴士服務，當然要固定資產和營運成本，也要有利潤，大體上，政府要吸引專營巴士公司投資，包括更換車隊、加裝安全設備，提升乘客資訊等，以不斷提升安全和改善服務。而為鼓勵投資，政府容許合理的回報，而這個回報率一般高於銀行利息許多，對投資者具吸引力。而無論成本或利潤，當然要從乘客中收回。隨着人工物價上升，巴士公司會加價。若加幅只為收回成本，爭議不會大，但容許加價維持所謂准許利潤，爭議就大。

政府透過利潤管制計劃管控巴士加價。按計劃，若巴士公司要調整票價，首先要根據一個方程式，納入人工物價變動，推算預期收入，若

政府應對巴士加價的考慮因素：

九龍巴士(一九三三)有限公司及

龍運巴士有限公司的加價申請

應考慮以下因泰一

(a)　自上次調整票價以來的營運成本及收益變動；

(b)　未來成本、收益及回報的預測；

(c)　巴士公司需要得到合理的回報率[2]；

(d)　市民的接受程度及負擔能力[3]；

(e)　服務的質和量；以及

(f)　票價調整方程式（即可依據的票價調整幅度方程式）的運算結果，相等於：

　　0.5 ×運輸業工資指數變動＋0.5 × 綜合消費物價指數變動 -0.5 ×生產力增幅

收入低於准許利潤，可向政府提交加價申請，交由交通諮詢委員會和行政會議審批，其間立法會可提供意見。

巴士每次加價都會引起市民埋怨，尤其認為政府黑箱作業，乘客和市民往往認為利潤過高，又控訴政府偏幫巴士公司謀利。隨着八十年代起，香港代議政制的發展，民選的區議員和立法會議員對政府管控巴士加價的壓力不斷增加，對此，政府對這計劃曾進行幾次修訂，讓審批加價申請時的考慮因素更透明。考慮因素越來越多，形成一籃子因素。

這一籃子因素主要是利用一條方程式，納入政府公佈的工資、物價及生產力變動計算出加幅。但這加幅並不是自動生效，政府還要考慮服務質量和市民可接受程度及負擔能力。政府可否決或批出加價及任何不高於申請的加幅。這個機制雖然儘量採用客觀經濟數據，但卻留了兩個主觀判斷的爭議點，一是合理回報率，二是市民可接受程度和負擔能力。市民、區議員和立法會議員總認為回報率過高，乘客不能承擔加價。

在香港人口和經濟不斷增長的年代，巴士公司有利可圖，政府為舒減市民和議員的責難，減低加幅；巴士公司的回報率不達預期，只不過是賺少些，還是可接受，一次又一次加價雖有爭議，但都沒有出現危機。

社會和經營環境轉變

隨着回歸，市民對特區政府愛民若子之心有更高期望。尤其是香港已不是借來的地方，而政府又有豐厚的財政儲備，市民期望政府應挑起提供公交服務的更大的責任！

港府在1999年10月運輸局出版《邁步前進：香港長遠運輸策略》，明確鐵路為主的政策，市區的鐵路網不斷擴展，公共交通服務的水平提升了，但巴士的角色就一點一點的減退，鐵路搶走了許多原有的巴士客。票務收入減少，成本則不斷增加，近年巴士公司往往出現虧損，按利潤管制計劃申請加幅越來越大。

港府陷入兩難，若讓巴士公司按合理回報率定價，必定招致更多民眾無力承擔公交費，加深怨氣；若不容許巴士按承諾了的合理回報率定票價，則違合約精神，打爛誠信招牌。最嚴重的惡果是巴士公司「劈炮」，服務戛然而止，上萬巴士員工失業，港府如何應對這兩難局面？

交通補貼銷民怨

港府還是要讓巴士公司加價，會激起民怨，但也別無選擇。為消減民怨，唯一可做的是補貼乘客，尤其是承受不了百上加斤的弱勢社群。

港府加大交通補貼，以抵銷加價的撞擊。透過八達通給公交補貼，讓

乘坐越多(每月超過200元)的人，補貼越大(200元以外有30巴仙補貼、上限500元)，對於貧困戶，可能只是杯水車薪，但對於利用公交送貨送件的人，就有莫大的幫助，而對於大部份不需要交津的乘客，絕不會多謝政府。加碼了交津是否最有效消減民眾的怨氣，港府理應檢討。

一個更合理的做法當然是把交津集中於貧困戶，幫助最無力承擔加價的一群。貧困戶並不難找，主要集中於較偏遠的地區，若然給予這些居民較大的交津，以至免費公交，相信掌聲會蓋過罵聲，更有效消減怨氣。況且，這樣做可鼓勵民眾主動從市區破落小區搬移出可享受免費公交的地區，加快舊區重建的步伐，有助衝出這老大難的困局。

政府應反思更好的安排

港府以現時的模式提供公交服務只會陷入螺旋式的困境，巴士公司要獲取合理的回報率，亦即乘客必定要支付營運成本以外的費用，讓利巴士公司。巴士公司投資越大，利潤越高。港府要求巴士公司投資未來，包括採用電動車取代柴油車或提供方便乘客的即時資訊系統等，就得讓巴士加價，由乘客付鈔，可行嗎？港府必需思考若果利用財團提供公交服務仍有可取之處，那就得思考合理回報率的水平，而合理回報率基於平均資產值又是否最好，是否還能控制票價至市民可承擔的水平？

公共交通費用補貼計劃

政府在2017年《施政報告》中建議推出免入息審查的補貼計劃，為每月超出400元的實際公共交通開支提供25%的補貼，補貼金額以每月300元為上限。補貼計劃涵蓋香港鐵路("港鐵")、專營巴士、綠色專線小巴("綠巴")、渡輪及電車，以及運輸署批准的紅色小巴("紅巴")、街渡，以及分別提供居民服務和僱員服務的非專營巴士("邨巴"及"員工巴士")的指定路線。政府在2019年《施政報告》中公佈，由2020年1月1日起，政府會把補貼比率由每月超出400元的公共交通開支的四分之一提升至三分之一，並將每張八達通卡每月補貼金額上限由300元提高至400元。

港府要尋求平衡巴士公司回報和乘客可負擔票價，可以參考其他發達國家的模式，採取合理回報率只基於營運成本和服務水平，而不是現行的平均固定資產值。

簡言之，港府應考慮自行投資購買營運巴士資產，只讓財團投標營運服務，那港府要提升巴士服務水平的話事權就會增大，更換電動車、即時行車資訊、全港巴士網絡一網通…，都可得心應手，而回應民眾期望可承擔票價的能力會更強。

六、馬路趣事

6.1 潛伏殺機的路旁圍欄

2019 年大量路旁圍欄給人非法拆除，突然成為路障，檔路的物資。人們嚇然驚覺路旁圍欄遍佈全城，到處潛藏危機！一段日子沒有了圍欄，行人好像更寫意，那，可否不用圍欄呢？

有還是無圍欄好？

路旁圍欄原意是用來救人，主要功能是防止行人突然走落馬路，防範行人被車撞倒的意外，無疑是提升安全的設施。但由於施工瑕疵、濫用、疏於維護，圍欄成為可致命的危機。這也反映一種事實，人的行為是最難預測和操控的，圍欄設計者只能儘量在現有的知識領域下做到最好，並不能保證絕對安全。

圍欄無可避免會限制人的活動，讓人不方便，尤其在路口檔着人的前路，行人要繞着圍欄走遠很多，才可過路，引來怨憤和投訴。有跳欄好手更喜歡街頭表演，讓人看跨欄身手。更多的人乾脆就不在路口過路，在沒有圍欄的路段穿插在車間過路。這些亂過馬路的行為當然犯法，可罰款 2000 元，不可不知。這法例可讓警方隨意謀財，因為每天亂過馬路的人比違例泊車還普遍，罰款還要多，對警員的衡功量值

更高！當然被罰的人怨憤更大。

究竟路旁圍欄是救人還是害人？圍欄阻止一般行人走出馬路，阻不了身手矯健的人跳出馬路！圍欄是否真的救人嗎？救的是那類人？假設是無知小孩吧！在現今如此發達的香港社會，有多少無知小孩自行跑出馬路玩耍？圍欄又真的可防這些無知小孩嗎？對圍欄是否可救人或救多小人的問題一大串。其他國際城市是如何回答這連串問題的呢？

歐洲許多城市(如巴黎、倫敦)甚少路旁圍欄，尤其是市中心購物區，都不設圍欄。當局不採取規範行人，反而控制車輛的活動，採用減低行車速度和在路面安裝減速設備等措施，令車輛只能和行人速度一樣，減低車撞人釀成傷亡的程度。的確，應是限制車輛或行人活動以減少車撞人？十分值得討論和思考。歐洲城市的取態是繁忙的市中心購物區是以行人為主，車輛應尊重行人，讓路和方便行人。

圍欄物料和規格的考量

香港的《運輸規劃和設計指南》清晰說明圍欄的用料規格、樹立的間距、高度等。香港圍欄都用不銹鋼物料，確保有足夠強度，只需少維修，不易給行人輕易推倒，就是車撞也不會飛脫，禍及行人。

路旁的圍欄的排列十分講究，在畢直的路段，圍欄都有直杆組成，沒有可以踏腳的橫杆，而且足夠高，小孩不易攀爬，一般人應不可能跳

路中心垂直圍欄阻擋行人跨越過路

街道滿佈圍欄，車輛意外撞欄的話，最頂欄杆可直插入車，導致傷亡。

過（但喜歡跳欄的年青人，往往還是會顯示身手）。但圍欄又不能過高，過高會阻擋行人或駕駛者視線；過高又難於穩固，容易被攀到，阻塞車道或行人路，造成傷亡。在危急情況下，過高的圍欄會阻礙人流，引致更嚴重的災難。

路旁圍欄在彎位及路口處，最重要的考量是不得阻擋司機視線，令司機無法看清楚過彎後的路況，釀成交通意外。因此圍欄絕不能有排得密密麻麻的直杆，必須以橫杆取代大部份直杆，以防司機的視線被直杆遮擋，看不到有矮於圍欄的小童突然在路口或彎後走出，釀成慘劇。

路旁圍欄還有一點罕有的麻煩，圍欄最頂的橫杆若有鬆脫，車輛不幸撞向圍欄，這圍欄棋杆會直插入車內，曾導致司機當場死亡。

U型圍欄阻止車輛泊上行人路，但不阻行人過路

高速公路中紅色圍欄可讓救火車撞倒，緊急調頭

6.2　點紅點綠的路標路牌

路標路牌在街道上到處可見，行人極少留意，直行直過，司機則必恭必敬，緊緊記住每個牌的位置，每個牌的訊息，許多時投訴它們位置錯誤，訊息混淆，點紅點綠。

路標路牌有法定效力，不遵從會被檢控和被罰，最常見是最高時速路牌，車輛走同一條路，時而80，時而70，時而50(尤其落斜坡)，被檢控罰款司機不計其數，激起怨憤。因此司機認為有不妥的路標路牌，令他們誤墮法網，他們必然投訴，甚或打官司。運輸署當然不會隨意在路上放置路標路牌，招致麻煩。每個路標路牌都經仔細研究，才決定放置那個位置發放何種信息。的確，路標路牌有許多學問，含管理哲學。

路標路牌的功能

路標路牌是用來管理街道用的工具。讓人人愉快地不生矛盾的享用街道。

共用街道空間而不生矛盾、不出亂子，不出現以大欺小的、以強凌弱的境況，其中一途，自然可以通過教育勸說，呼籲人人自律。自律的人在文明的香港大不乏人，但成功的機率近乎零，因為人的行為十分

複雜，往往很有個性。誰可優先享用家裡的廁所，都爭得面紅耳赤；很難想像千萬人共用道路而不會引起口角，繼而動武，可以引起傷亡。這都是不可接受的。

要有序使用街道，規管不可避免。這套規則必定要簡單易明，就連目不識丁的也不會誤解。路標路牌就有這神奇的效用，絕大部份的路標路牌都只用數字、線條、符號，很少用文字。

路標包括間斷的和不間斷的白線、黃線、單線、雙線、箭咀、三角符號等等。圓形路牌有法定效力，三角形路牌有警示作用，長方形路牌提供資訊。

路標路牌的擺設

路標路牌分三大類：一是法規，二是警示和勸籲，三是資訊。法規路標路牌一定要放在最當眼的地方，或劃在司機必然看到的行車道上；例如限速、巴士專線、或雙白線和雙黃線等，不得違反，違反了會被檢控和懲罰。警示和勸籲路牌如小心慢速、小心學童過路、小心彎路、小心斜坡等等也樹立在路旁當眼地方，但不能阻擋法規路牌。而資訊路牌則是在不阻擋法規和警示牌的情況下，在合適地點安放。所有路標路牌都不能阻礙駕駛者視線，影響行車安全。

不過路標路牌的擺設時有出錯，爭端不斷。因為訊息的傳遞和接收十分複雜，有時是傳遞出錯，有時是接收不到，接收到都可以產生誤解，導致受罰，極不愉快。依靠路標路牌傳遞訊息，出錯有兩個可能性，一是工作不細緻，人為出錯，二是責任不清，系統出錯。

路標路牌系統性出錯

路標路牌人為出錯是有的，但機會很少。當局一般聘用承辦商建造路標路牌，承辦商一定按當局準則劃圖，工人亦會嚴格跟圖則辦，當局又有各級檢收程序。經過這層層管控，導致路面劃線不準確，路牌位置移位等的機會微乎其微。

不過，系統性錯誤就難於避免。路標路牌並不全部由一個政府部門負責，而是政出多門。運輸署負責規劃、標準和設計，路政署負責建造，地政署是大業主，擁有政府土地的使用權，任何人(包括政府其他部門和私人)在政府土地上進行活動，都要先獲得地政署同意。因此，運輸署和路政署都只是政府土地的用家，並不是唯一的用家。許多機構或個人都在路旁的圍欄掛上海報或栓上旗幡宣傳品、在行人路上樹立到某某地點的方向牌，完全無視阻擋交通牌，甚至阻擋駕駛者視線。而運輸和路政署並無權力清理這些百花齊放的雜物，地政署的執法能力有限，助長了這些違法佔用官地的機構或個人肆無忌憚，隨心所欲的亂搞。

一些路牌擺設漫不經心，阻擋行人和司機視線

不容易看見的路牌

一些街道滿佈招牌，加上兩旁都泊車，司機難看見路牌

看明白一大排路標路牌時，司機已來不及轉線

駕駛者及行人在亂七八糟的路旁雜物中很難看清楚路標路牌，司機在車輛行駛中要看清路標路牌，更是難上加難，若果在瞬間進入了不能進入的路段，做了不可轉的左轉或右轉，給警察抄牌，那只好怨碰上惡運！

反思靠路標路牌傳遞訊息

如何應對可能亂七八糟的路標路牌，減少爭執，避免不必要消耗警方法院資源？政府責無旁貸。

在現今人人一部手機，每部車一台電腦，電訊用5G、6G年代，訊息的傳遞應比依靠路標路牌更快更準。當局可規範車輛要裝有性能良好的訊息接收系統，車上錶板要顯示即時限速，司機可選擇音頻播放即時交通資訊等等，以取代大部份放在路旁和路上的路標路牌，只保留一些關鍵的路標路牌，在訊息系統完全崩潰時備用。

事實上，西方發達國家已朝着這方向發展，新的車輛(尤其是電動車)已內置這些訊息功能，特區政府是時候追上電子世紀的前端。

6.3 馬路面的奧秘

香港的馬路面不是瀝青，就是石屎，相對歐洲古雅城市五花八門，五光十色的路面就平淡得很，的確不起眼，沒有給人驚喜。不過，路面不出問題，沒有天天投訴，又沒有因路面而導致的交通意外，人們覺得理所當然，已經是十分難得。香港的路面，其實還有許多不為人知的趣事，值得一提。

馬路面當然用來行車，每天承受大大小小車輛的磨損，尤其是重幾十噸的大貨車，要天天、月月、年年沒有變形走樣，那用料必須堅固如磐石；按此，採用石屎就是最便宜又夠堅硬的了，但香港的馬路面只有約20%採用石屎，80%都用瀝青，特別是在高速公路，是甚麼原因呢？

石屎和瀝青的奧秘

其實，車軚打在馬路面各有損傷，馬路面越硬，車軚越傷，越快變成「光頭軚」，必須更換，尤其是商用車，營運成本倍增。而且，石屎也會老化，終有一天要維修，維修石屎不可能小修小補，一定要整塊重舖；先要把它打碎移除，那路面越硬越麻煩，打碎石屎噪音很大，而且塵土飛揚，隨後重舖要等差不多一個月石屎乾了才可行車，那要封閉道路以月計，造成塞車，怨聲和投訴。

舖設有廢車軚粉的試驗路面，可減廢和噪音

瀝青比石屎靜，6mm石粒路面比一般14mm以上的路面噪音減一半
以上

瀝青比石屎軟，車軚的破損較輕，車軚會較耐用，換軚較少。但瀝青在承受數十頓重的大貨車的抵禦能力比石屎低，破損較多，維修較頻密；因此公家花費多了，而車主洗費減少。瀝青路面雖然需要維修更頻密，但就簡單而快速，一夜之間了事，不驚動或擾亂人們的生活。

事物總不是十全十美，有一得必有一失，石屎和瀝青的選擇就要衡量得失，在利多於弊的地點才採用石屎或瀝青。

為何高速公路選用瀝青？

選用石屎或瀝青當然要衡量得失，得？即是用料能滿足用家的程度；失？即是帶來麻煩的程度。用家就是駕駛者，他們對高速公路有何期望？部份擁有跑車的用家來說，他們會期望越快越好，能不定限速[70]就最好，但對於絕大部份用家來說，當然要快，但安全第一；快而丟了性命是不值得的。

走得快主要看車輛的性能，車輛引擎是關鍵。現今一般房車都可穩定的行走每小時 120 公里，有些構造較差的車輛可能輕飄飄，會有振動和移動的不安全感。幾十噸的大貨車司機都有「馬路之皇」高人一等的感覺，越走得快越驚嚇同行車輛，若司機疲憊或稍不集中，或路面濕滑，軚盤輕微偏移，走過行車線，可能導致難以想像的馬路災難。

---

[70] 在美國或歐洲的最高限速約每小時 140 公里。

筆者研發符號國際標準的量度路面噪音的儀器

要確保高速公路要安全，固然要限制行車速度，平衡部份司機要越快越好的期望，同時又要令路面在落大雨、小雨、漏油等情況下不會跣軚，那路面的構造就是關鍵。路面要讓水流走得越快越好，瀝青的去水能力就遠勝石屎。馬路面的建造會由路中傾斜向路旁，讓水迅速流去路旁渠口，瀝青也好，石屎也好都一樣。瀝青的排水能力在於瀝青路面可以有孔洞，但石屎就沒有孔洞。車軚打在瀝青路面會把水壓入孔洞，車軚就可吮緊路面，不會跣軚。

原來瀝青是可製造有孔洞和無孔洞的路面，石屎就無這能耐。瀝青可溶入各種增強濟，令路面更耐用，就算有孔洞都不會鬆散，奇妙哉！

瀝青路更環保

瀝青路面有孔洞不單可防跣軚，原來更平滑、更少震動、更靜音[71]，對路旁行人也好，住戶也好、商戶也好，都少了噪音。因此，不單高速路面，連在住宅區的路面都會用。不止於此，瀝青路面還可採用細小石粒，石粒越小越靜，有孔洞的小石粒瀝青路面就最靜。

瀝青又可加入廢車軚粉，一來可重用廢車軚，更可令路面更耐用更靜，簡直是妙不可言。下次行街，經過瀝青馬路，不妨停一停，看一看，聽一聽，欣賞馬路面的工藝。

---

[71] 相對硬幫幫的石屎路，瀝青路靜很多。不難想像，越硬的物體相撞，發出噪音越強。瀝青路面若有孔洞，噪音會進入孔洞，在洞內橫衝直撞，以致消減能量，達減聲效果。

6.4 魚眼鏡的尷尬

司機不難發現，路上有許多轉彎抹角的地方都有魚眼鏡，讓司機看到原本看不到而突然出現的車輛，避免撞車。這些轉彎抹角有魚眼鏡的地方包括停車場、窄路彎位、細路出大路等等。一般司機都慶幸有魚眼鏡幫助，提升安全行車，亦都以為這些魚眼鏡是官方安裝的，尤其是在政府土地上的，一定是合法的。沒想到這全然是錯覺，全港的魚眼鏡都不是合法的。

既然魚眼鏡不合法，那為何政府不主動清理這些鏡，並檢控有關人士，然後廣泛宣傳，阻止有人不斷在路上加裝魚眼鏡呢？

官方不贊成公路裝魚眼鏡

民眾對魚眼鏡的誤解和運輸署的態度可以從兩個區議會的個案看清楚。

2013 年 6 月，東區區議會建議於灣景園停車場出口對面安裝大型的魚眼鏡，提升行車安全，運輸署的答覆教議員醒覺魚眼鏡並不是標準交通設施。運輸署是這樣回答的：「「廣角鏡」（凸鏡或俗稱魚眼鏡）並非標準的交通設施。在一般情況下，運輸署不會在公共道路上設置「凸鏡」。事實上，「凸鏡」所顯示的影像，特別是車輛的位置、距離和速度，往往與實際情況有相當差異。駕駛者在駛至彎路或路口時，若只

憑「凸鏡」的影像，可能會錯誤估計迎面車輛的位置、距離和速度，以致有未能適時調減車速及忽略路面的情況，容易造成交通意外。此外，駕駛者在夜間的視覺，會受到「凸鏡」反射其汽車或其他車輛的車頭燈強光影響，因而造成短暫失去視覺的情況，導致發生意外的機會也會因此增加。本署會與有關委員跟進其他可改善駕駛者視線的方案。」

2020年5月，西貢區議會促請政府全面檢視鄉郊道路安全問題，增設保障駕駛清晰視野，包括增設魚眼鏡。運輸署的答覆令議員震驚和大失所望：「本署不支持在公共道路上設置凸鏡（廣角鏡，俗稱魚眼鏡），因為凸鏡所顯示的影像，特別是車輛的位置、距離和速度，往往與實際情況有很大的差異，故駕駛者在駛至彎路或路口時，若只憑觀看凸鏡，會錯誤估計迎面車輛的位置、距離和速度，以致忽略適當調減車速及注意路面情況，因此很容易造成交通意外。再者，在夜間，駕駛者的視覺會受到凸鏡反射其汽車或其他車輛的車頭燈強光影響，因而造成短暫失去視覺的情況，在失去視覺的情況下駕駛會使發生意外的機會增加。凸鏡並非標準交通設施。由於設置凸鏡弊大於利，所以運輸署並不支持建議的凸鏡」。

兩個區議會提出類似的要求相距7年，無疑區議會是代表民眾，民眾認為魚眼鏡有助行車安全而且是合法的，才會要求政府安裝。運輸署

魚眼鏡可讓司機看到轉彎抹角的車輛或行人，避免踫撞，但都不合法。運輸署對安裝在公路或私家路上的魚眼鏡是「隻眼開、隻眼閉」，知道它有用，但就不願規管，不承擔任何責任。

認為魚眼鏡不單不能提升行車安全，相反若司機只憑睇鏡，是會令司機誤判，增加意外率！這個觀點7年來都沒有改變。不過，政府似乎並不着緊向市民說明，而是讓民眾繼續誤會。

不用負責就不反對

運輸署答覆有兩點是值得注意的：一、運輸署在一般情況下不會在公共路上設置魚眼鏡，二、駕駛者若只憑觀看魚眼鏡會錯誤估計‧‧‧。跟進第一點自然會問：甚麼是一般情況呢？是否意味有特殊情況呢？而且只局限於公共路上不設置魚眼鏡，是否意味在私人路上就不管了？跟進第二點自然會問：若果司機不是只憑觀看魚眼鏡作估計，那運輸署的態度就不同呢？運輸署的答覆並不直截了當，而是含糊其詞，在某種特定的情況下魚眼鏡是弊大於利，在公家路上不會設置，的確有點奇怪。

魚眼鏡能擴濶視野，讓司機看到盲點，減少踫撞，許多國際文獻都有例證。運輸署官員可能知悉，若果貿然說魚眼鏡不安全，恐怕會受到挑戰，貽笑大方。這也可能是運輸署並不理會私人地方安裝，亦不會主動拆除有人在公眾地方安裝了的魚眼鏡的原因。

歸根究底，政府是未能解決安裝魚眼鏡的責任問題，若有人因魚眼鏡扭曲影象或反光，令其判斷出錯造成意外，那政府是否要負責任？這

責任問題應和路上的路牌、路標或交通燈分別不大，律政司必可給予詳細指示，但運輸署或路政署必須訂立一套魚眼鏡的規格及安裝標準，的確麻煩。再者，魚眼鏡的保養維修更會是無日無之。多一事不如少一事可能是最佳策略！